NF文庫
ノンフィクション

日本海軍仮装巡洋艦入門

日清・日露戦争から太平洋戦争まで

石橋孝夫

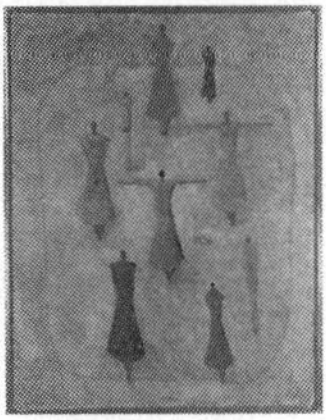

潮書房光人新社

はじめに

　仮装巡洋艦という用語は今日では死語に等しいが、戦前、それも日清、日露戦争時には通用していた言葉で、日本海軍では大正期の第一次大戦以降は正式には特設艦船の一つとして、特設巡洋艦と呼称されることになっている。

　古来より、いわゆる長い帆船時代の海軍においては、軍艦と商船の区別も明確でないこともあって、戦時には商船も海軍艦船に準じて強力な武装を施し、外洋で敵国商船の捕獲や破壊行為、いわゆる海賊行為を行なうのが普通で、こうした民間船は私掠船と呼ばれ母国の免許書を持つ、公認の海賊船であった。

　一九世紀の後半、蒸気機関と鉄材の普及による造船技術の改革期以降は、軍艦と商船の格差は明確となったが、戦時状態という非常時が発生すると、外地への兵員の輸送や、基地を離れて活動する海軍艦艇にたいする軍需品補給を担うために多くの民間船が駆り出されるのが普通であった。

これらの徴用船舶の中でも、大型でかつ高速な外洋客船の類は、正規の巡洋艦に準じた武装を施して、巡洋艦の補助勢力として、商船隊の護衛、また反対に外洋での敵通商路の破壊任務等に用いられることが、平時から検討準備されることになったのは、自然の流れであった。そのためには国家が平時から補助政策をとって、民間汽船会社にこうした条件に適合する優秀船の建造をうながして、有事に備える政策は、大きな商船隊を持つ列強各国ではどこの国でも大なり小なり行なっていたことであった。

有名な軍艦年鑑であるジェーン年鑑の一九一〇年代以前の版には各国のページの保有艦艇をシルエットで示す箇所の最後には、必ずこうした仮装巡洋艦候補船のシルエットも加えられていたことを知る人は、今ではそう多くないであろう。

本書では、これまで取り上げられることの少なかった日清戦争期以降、日本海軍に在籍した仮装巡洋艦（特設巡洋艦）にスポットを当てる。

日本海軍仮装巡洋艦入門——目次

第三章　大正から昭和初期……100

第四章　太平洋戦争期……143

日本海軍仮装巡洋艦入門

——日清・日露戦争から太平洋戦争まで

第一章　日清戦争期

四隻の巡洋艦代用汽船

一九世紀後半、英国はその世界最強の海軍力で世界の海洋を支配していたが、その商船隊もまた世界最大で、仮装巡洋艦適合船も多数保有して、有事には直ちに出動できる体制を準備していた。

英国ではこうした仮装巡洋艦を〈ＡＭＣ〉Armed Merchant Cruiserと称して、平時より予定船を指定して最寄りの基地に武装用の搭載砲を備蓄しておき、有事に備えていた。英国がこうした〈ＡＭＣ〉を総動員した最初のケースは一九一四年に勃発した第一次大戦で、総数七〇隻以上が動員されている。

これに対して、日本が明治維新以降最初の対外戦争である日清戦争は、これより二〇年前に勃発したもので、維新後ゼロに近い状態から急速に近代化海軍に脱皮しつつあった日本が、眠れる獅子と揶揄された清国と朝鮮半島の覇権をめぐって争ったもので、戦場は清国本土であり日本軍はその陸軍兵力を大陸本土に輸送することを始めとして、多数の民間船を陸海軍が徴用することになった、最初の非常事態であった。もっとも、これ以前の明治七年の台湾出征や明治一〇年の西南戦争でも民間船舶の徴用を要したが、当時の日本には海軍同様、民間船舶もきわめて貧弱なものしかなく、外国からの傭船その他でまかなう必要があった。日清戦争時、日本の主要な民間船舶は最大の日本郵船会社が保有する船舶で占められており、そもそもは郵便汽船三菱会社と共同運輸会社がライバル関係を解消して、明治一八年に合併してできたのが日本郵船会社で、総トン数二〇〇〇トンを超える保有船は一〇隻に満たなかった。資料によれば、当時の日本の船舶保有量は四一七隻、一八万一八一九総トン、これに急遽日本郵船、または国が購入した船舶が一〇一隻、一七万四七九七総トンという多数があり、これに対して陸海軍が徴用した船舶は一三〇隻二二万七〇〇〇総トンと称されている。これは先の保有船舶と購入船舶の合計の六四%に相当するという。

ただし、この数字は陸海軍が正式に傭船した多分総トン数五〇〇〇トン以上の船舶で、小型の雑用船の類はふくめていないものと推定される。

これらのうち、巡洋艦代用（仮装巡洋艦）として傭船されたのは「山城丸」「近江丸」「相模丸」「西京丸」の四隻で、もちろんいずれも日本郵船会社の所属船である。当初の予定では「山城丸」「近江丸」の二隻は常備艦隊付属、「相模丸」は佐世保鎮守府付属を予定していたもので、他に兵器工作船、艦船修理船、通信船という役割の船が前進基地に配置されていた。これらの船舶は他の輸送任務のみの単純任務の船とは異なる存在であった。このうち、「西京丸」については、最初の予定船にはなく、開戦後に急遽傭船されたらしく、これは後述する樺山軍令部長の前線視察に関係したものと推測される。

「山城丸」と「近江丸」は日本郵船誕生前の共同運輸会社が、郵便汽船に対抗して社長自らが渡英して英国アームストロング社で新造した、当時の優秀船で、有事に軍用に徴用されることも考慮した設計がなされていたという。二隻は姉妹船、同型船で就航後はハワイ等への移民輸送に従事したといい、船名として当初「武蔵丸」「大和丸」と命名する予定であったが、当時、海軍が「武蔵」「大和」と命名したスループ艦を建造していたため、紛らわしさを避けるために、変更されたという経緯があった。

二隻は巡洋艦代用ということで常備艦隊に配属されることを予定しており、主な任務は水雷艇隊母艦で、他に艦隊軍需品の輸送、供給がふくまれ、さらに「近江丸」は艦隊根拠地の水雷敷設任務も担っていた。すなわち、本来の仮装巡洋艦としての任務とはかなり離れたものであった。

この二隻に施された武装はもっとも重いものであったが、一七センチ克式（クルッ

「西京丸」	「相模丸」
鋼鉄客船	鉄製貨客船
2913	1885
97.75	84.48
12.53	11.06
8.9	6.8
直立3連成/1	直立2連成/1
14.5	11
2960	1340
英ロンドン＆グラスゴー社	英アームストロング社
明治21年6月	明治17年7月
明治27年8月11日	明治27年6月15日
明治29年3月5日	明治28年9月30日
21万5270円	11万3952円
左同	呉
明治27年8月13日	明治27年8月24日
明治27年8月22日	明治27年9月9日
5207	不明
安式12cm速射砲×1 57mm山内速射砲×1 47mm山内速射砲×2 小銃×50 拳銃×20	80年前式12cm克砲×2 短7.5cm克砲×2 47mm保式重速射砲×2 小銃×50 拳銃×20 舶刀×20
122(63/59)	102(52/50)
左同	左同

日清戦争時の日本海軍巡洋艦代用汽船一覧

船名	「山城丸」	「近江丸」
船種	鉄製貨物船	左同
総トン数	2528	2473
長さ(垂線間長)	91.87	左同
幅(m)	12.07	12.04
深さ(m)	9.4	左同
主機/数	直立2連成/1	左同
速力(ノット)	13.5	左同
実馬力	1900	左同
建造所	英アームストロング社	左同
竣工年月	明治17年3月	明治17年7月
雇入年月日	明治27年6月23日	明治27年7月11日
解除年月日	明治28年9月9日	明治29年1月25日
雇用代金	14万5550円	17万8557円
所属鎮守府	横須賀	左同
兵装艤装工事着手	明治27年6月14日	明治27年7月9日
兵装艤装工事完成	明治27年7月19日	明治27年7月23日
使用工数	6265	6949
兵装	80年式30口径17cm克砲×2 80年前式12cm克砲×2 旧式7.6cm安式砲×2 小銃×115 拳銃×44 舶刀×44	80年式30口径17cm克砲×2 旧式7.6cm安式砲×4 4連装ノルデンフェルト砲×6 小銃×115 拳銃×44 舶刀×44
定員(軍人/軍属)	189(129/60)	183(127/56)
船主	日本郵船	左同

山城丸

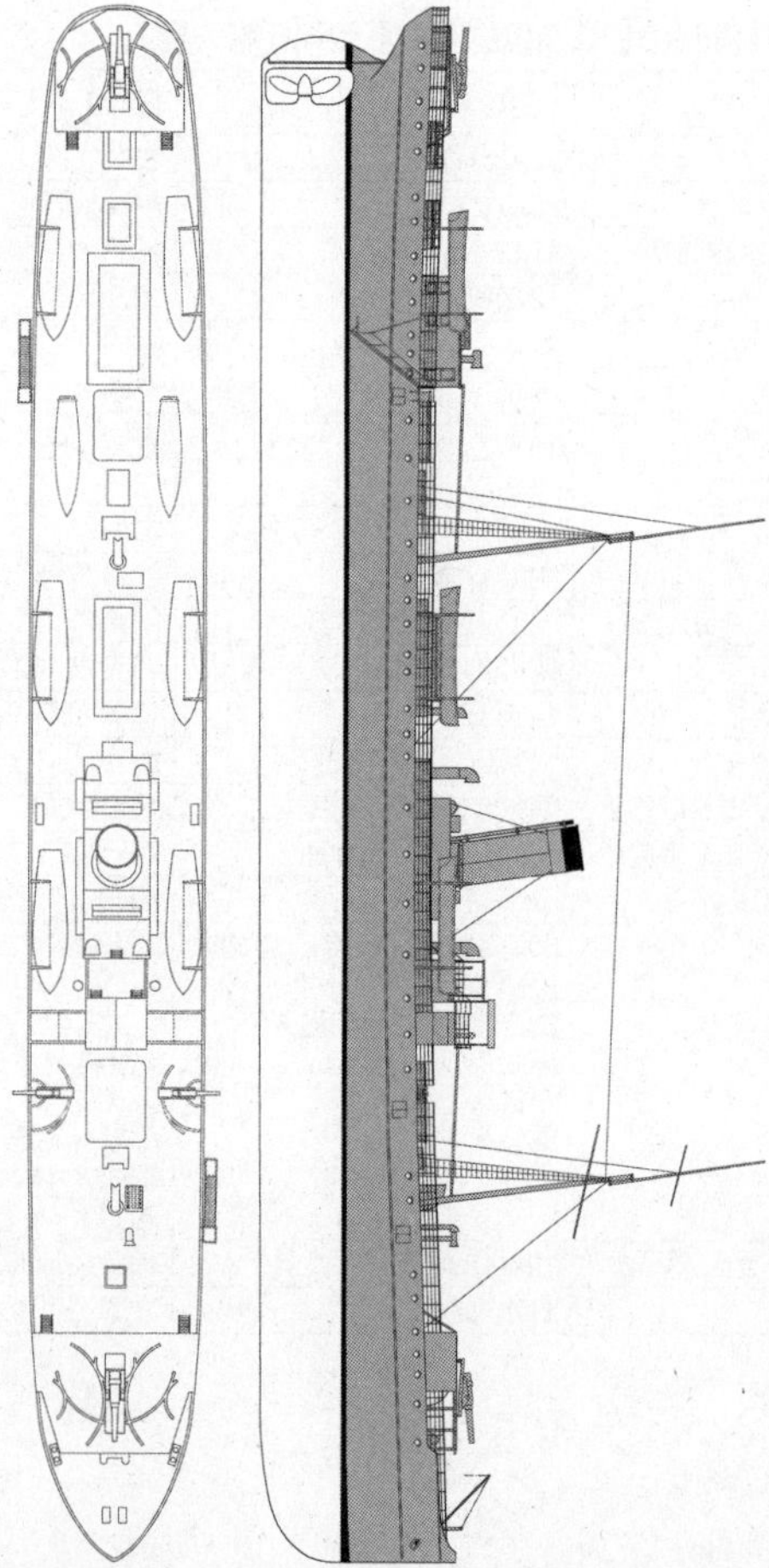

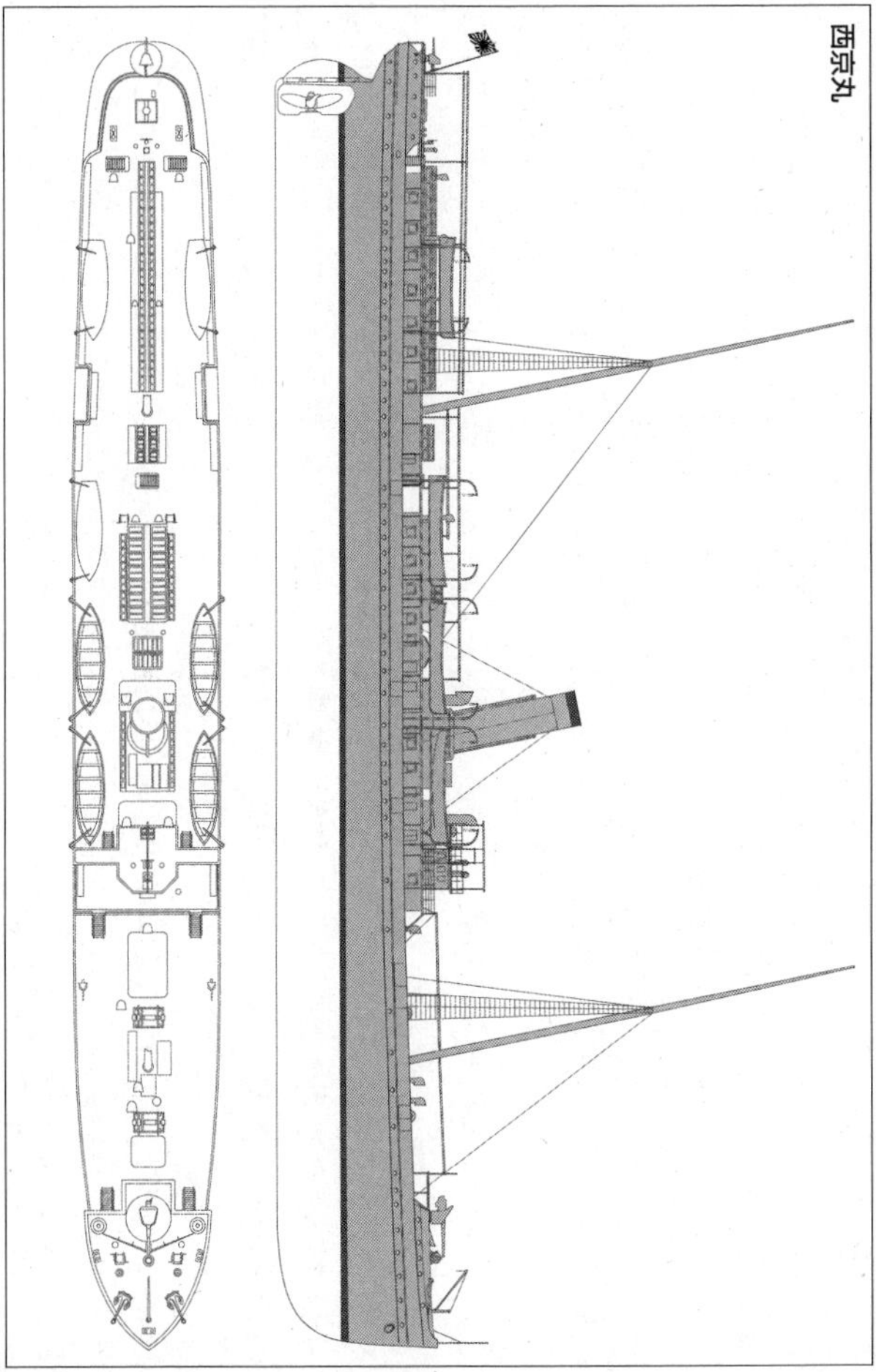
西京丸

プ）砲をはじめ、いずれも中古在庫兵器で、当時は海軍全体が克式砲から安式（アームストロング）速射砲に切り替え整備中の時期に当たっており、克式砲の時代は終わっていたが、海軍艦艇の多くがまだこの克式砲を搭載していたから、いたしかたなかった。

武装をふくむ改装工事は「山城丸」は呉、「近江丸」は横須賀で実施したとされており、武装化に伴う弾薬庫や兵員居住区の整備、短艇の一部は海軍式通船等の搭載工事も行なわれた。「山城丸」の例では克式一七センチ砲弾薬一二〇発分、同一二センチ砲弾薬一三〇発分、旧式七・六センチ安式砲一六〇発分、小銃弾薬二万八八〇〇発、拳銃弾薬五二八〇発を定数としていた。その他、水雷艇隊に補給する魚雷本体や頭部、関連装備を搭載収容する設備も設けられたと思われた。

乗員は正規の海軍軍人と軍属となった固有乗組員からなり、「山城丸」の場合は、艦長の海軍大佐森又七郎以下士官一四名、准士官三名、下士官二一名、卒九一名、軍属六〇名の内、本来の乗組員での士官相当者は二等運転手一名のみであった。

二隻は舷外塗色を白色として、識別線として「山城丸」は黒色、「近江丸」は赤色を施されたとされている。船尾の船名表記は「山城丸」は「やましろ」、「近江丸」は「あふみ」と改められたといわれるが、塗色は後に灰色に変わっている。

「西京丸」はこの四隻の中ではただ一隻、日本郵船設立後に英国に発注された本格的鋼製客船で、四隻の中ではもっとも大型で速力も早く、仮装巡洋艦にふさわしい船であった。

就航後は船客三四一名を収容できる新鋭客船として横浜－上海航路に配船されて活躍していた。姉妹船に「神戸丸」があり、同じく海軍に徴用されて病院船として用いられた。

「西京丸」は他三隻と異なり、主要任務が通報艦とされており副次的に艦隊に対する炭水供給を行なうとされていた。報知艦としては艦隊に随伴して哨戒、連絡任務に当たる快速艦で、日清戦争では、前述のように巡洋艦代用汽船の主任務は、当時常備艦隊に配属されて朝鮮半島の前進基地に進出していた水雷艇の母艦任務にあった。「西京丸」としては四隻の中では最速とはいえ一五ノットに満たない速力ではいささか心もとなかった。ただ、本船ではこうした任務を考慮してか、唯一最新の安式一二センチ速射砲を装備され、艦首に搭載したほか、船尾には五七ミリ速射砲、艦橋前の前甲板両舷に四七ミリ速射砲二門を装備されている。

最後の「相模丸」は共同運輸時代に「山城丸」等と同時期に英国アームストロング社で新造された船で、「山城丸」よりやや小さく速力も若干劣るも、当時の優秀船であることに違いはなかった。本船の場合の主任務は艦隊軍需品の供給で、後に水雷艇隊母艦任務も付加されていた。本船の徴用時の改装状態を示す図が珍しく残されており、これによれば各兵装配置と通船の搭載位置、前部船倉前方に兵員居住区、船尾に弾薬庫等が設けられていることがわかる。他三隻に比べて兵装も貧弱で、乗員も少ない。本船の改装は呉で行なわれたようで、所属も呉鎮守府になっていた。

仮装巡洋艦の運用

今日、ネット上で仮装巡洋艦という語句で検索してみると、実に九分九厘がドイツ海軍の仮装巡洋艦のことが出てくる。中には、仮装巡洋艦という名称が、ドイツ海軍特有の戦時における通商破壊船の別称と思い込んでいる人もいるようだが、歴史的には通商破壊艦（船）はCommerce raiderとして帆船時代から続く、伝統的な戦術のひとつである。この任務には隠密性という点では民間の商船を装うものが多いが、海軍の正規艦艇、巡洋艦等が用いられることも少なくなく、南北戦争時の南部海軍の「アラバマ」（六九隻捕獲、撃沈）や第一次大戦時のドイツ海軍の「エムデン」（一六隻撃沈）が有名である。

通商破壊戦というのは戦時において、世界の海上を往来する敵国の商船を攻撃して、敵国への輸送路を遮断することで、間接的に敵国の交戦能力を低下させることが目的で、その最有力手段は潜水艦による攻撃で、両大戦における英国に対するドイツの潜水艦通商路攻撃が、英国を敗北寸前まで追い詰めたことはよく知られている。

こうした通商破壊戦は一般的に海軍兵力で劣る海軍国が、強力海軍国に対抗する常套的な戦術で、一九世紀における英国対フランス、南北戦争における北軍対南軍、そして二〇世紀における両大戦での英国対ドイツという構図で発生してきた。こうした対立構図では、戦時の仮装巡洋艦の使い道も、おのずと異なり、数的には最大の仮装巡洋艦を擁した英国海軍では、相手のドイツが基本的に大陸国であり、攻撃すべき海上通商路も少ないことから、その任務は、ドイツ海軍の放つ通商破壊艦船から自国船舶を保護することを第一に、正規巡洋艦の補助的兵力としての任務に携わるのが一般的であった。

こうした構図で眺めた場合、日清戦争というのは島国日本と大陸国清国との戦争であり、どちらかというと清国海軍が、日本海軍に通商破壊戦を仕掛けても不思議ではなかったが、残念ながら、当時の清国には伝統的にこうした通商破壊戦を行なえる能力も商船も持っていなかったというのが実情であった。そのため、日本海軍においては、こうした清国海軍の実情を知っていたから、特にその対策も持たなかったのは当然のことであった。

また、反対に日本側の仮装巡洋艦を清国沿岸部に放って、通商路の攻撃を行なうという戦術も、当時の日本海軍には存在しなかった。こうした前提で日清戦争時の日本海軍の仮装巡洋艦を考えてみると、おのずと、その任務も想定し得るものに落ち着くはずであった。

前項で日清戦争時の仮装巡洋艦として四隻の船名をあげたが、当時はまだ日本海軍には仮装巡洋艦の名称はなく、巡洋艦代用汽船というのが海軍の正式文書にある通りで、仮装巡洋艦の名称は、この戦争の終わった明治三二年ごろから、軍令部の調査報告書に世界の仮装巡洋艦等のタイトルが記載されるようになったのが最初である。

日清戦争では、前述のように巡洋艦代用汽船の主任務は、当時常備艦隊に配属されて朝鮮半島の前進基地に進出していた水雷艇の母艦任務にあった。当時の水雷艇は五〇トン程度の小艇で、自力で外洋を航海するのも平穏ならいざ知らず、少し荒れるともはや単独では行動が難しくなる存在であった。当時、水雷艇王国のフランス海軍には水雷艇を艦上に収容して外洋を移動できる本格的母艦も存在したが、日本海軍では母艦（船）が随伴して、航行困難な場合は母船が曳航することぐらいしかできなかっ

「西京丸」。日清戦争開戦後、徴用され巡洋艦代用に改造された（東京海洋大学附属図書館所蔵）

た。

海軍では当初、「比叡」を水雷艇の母艦に指名していたが、「山城丸」と「近江丸」の就役でその任務を両船に引き継ぎ、以後はこの二隻の他に、「相模丸」、さらに戦争中に他に二〜三隻の徴用汽船が臨時母艦として就役している。

水雷艇母艦としては、日常的に燃料の石炭や清水等の消耗品の補給の他に、戦闘で消耗した魚雷や弾薬の供給をおこない、ある程度水雷艇乗員の日常の宿泊能力も有していたものと思われた。こうした任務には船内の収容力が大きく荷役装置の充実した商船の方がより適していたのは当然であった。「山城丸」の例では戦争中に実施した子隊の水雷艇に対する補給回数は七〇回を超えている。もちろん、この間内地の最寄りの軍港佐世保等に度々寄港して補給物件の補充や整備を実施している。

ただし、水雷艇は上陸地点の警備や偵察に出動することが多く、そのつど母艦も随伴して前線に向かい、敵の出現に備えることも任務で、その意味では自船の武装も必要であった。特に開戦翌年初頭の、威海衛の清国残存艦艇に対する夜間の水雷艇攻撃には、当然随伴して湾口で待機して帰投する水雷艇を収容、まとめて基地に帰投する任務もあり、損傷した水雷艇は曳航の必要性もあり、負傷した乗員の収容や、病院船への移送も必要であった。

明治二八年二月、威海衛が陥落し、清国北洋艦隊が全滅して当面の目的を果たしたため、大本営は艦隊の南進を命じ、台湾、澎湖島の占領に、日本側の主力艦隊が向かうことになり、これには第四水雷艇隊（水雷艇六隻）が加えられ、「近江丸」が母艦任務に当たっていた。他に巡洋艦代用の「相模丸」、「西京丸」も艦隊に同伴した。また輸送船七隻に陸軍兵士、物資を搭載、現地の占領任務に当たることになっていた。三月一五日に艦隊は佐世保を出撃、二三日より上陸を開始、陸上砲台の反撃を抑えて上陸し、占領はできたが、陸軍兵士にコレラが蔓延して一二五七人の兵士が死亡する事態が生じ、五月になってなんとか撲滅することができた。

「西京丸」の船上の戦いを描いた錦絵

艦隊はその後、大陸本土の福建省沿岸の巡航を命じられ、「近江丸」も水雷艇三隻を率いてこの巡航に参加、艦隊は直後に内地帰還を命じられたが、「近江丸」と水雷艇は現地に残って、新たに編成された、西海艦隊に編入された。七月二〇日にいたって「近江丸」の乗員にコレラ患者が発生したため、急遽、長崎に寄港して患者を上陸隔離し、消毒を行なって再度、台湾に戻って母艦任務を継続していたが、すでに四月に講和条約が締結されて、日清戦争は終わっていた。

こういうことで、日清戦争における巡洋艦代用汽船には武勇談らしき話もないまま、戦争を終えたと言いたいが、実は一隻のみこうした武勇談をもった巡洋艦代用汽船があったのである。それが、巡洋艦代用として最後に徴用された「西京丸」であった。

本船は他の巡洋艦代用と異なり、通報艦としての任務を付加されたように、他船と異なり純客船であったことから、船内の居住設備は豪華で充実しており、こうしたことからも樺山軍令部長が前線視察のための搭乗船として急遽選ばれた可能性が強い。

「西京丸」は横須賀で兵装、艤装工事を終えて、九月二日に軍令部長一行を乗せて、佐世保を出航、連合艦隊の前進基地である、長直路に向かった。現地で陸海軍の首脳と会談した後、連合艦隊は威海衛に敵艦隊がいないことを知って、敵の所在を求めて、海洋島、威海衛、大連、山海関方面を巡航するために出撃、これに「西京丸」も「赤城」とともに随伴することになった。

艦隊は、一七日朝、海洋島付近に達し、泊地に敵艦隊がいないことを確かめて大弧山沖にむかう。一一時三〇分ごろ単縦陣で航行する第一遊撃隊の先導艦「吉野」が東方に数条の煤煙を認め、本隊に報告する。一二時五分にいたって、本隊も右舷艦首前方に凸形の横陣を作って接近する一〇隻の清国艦隊主力を視認する。ここに日清両国の主力艦隊が相見えることになり、日清戦争の命運を定めた黄海海戦の始まりである。

黄海海戦——「西京丸」の奮戦

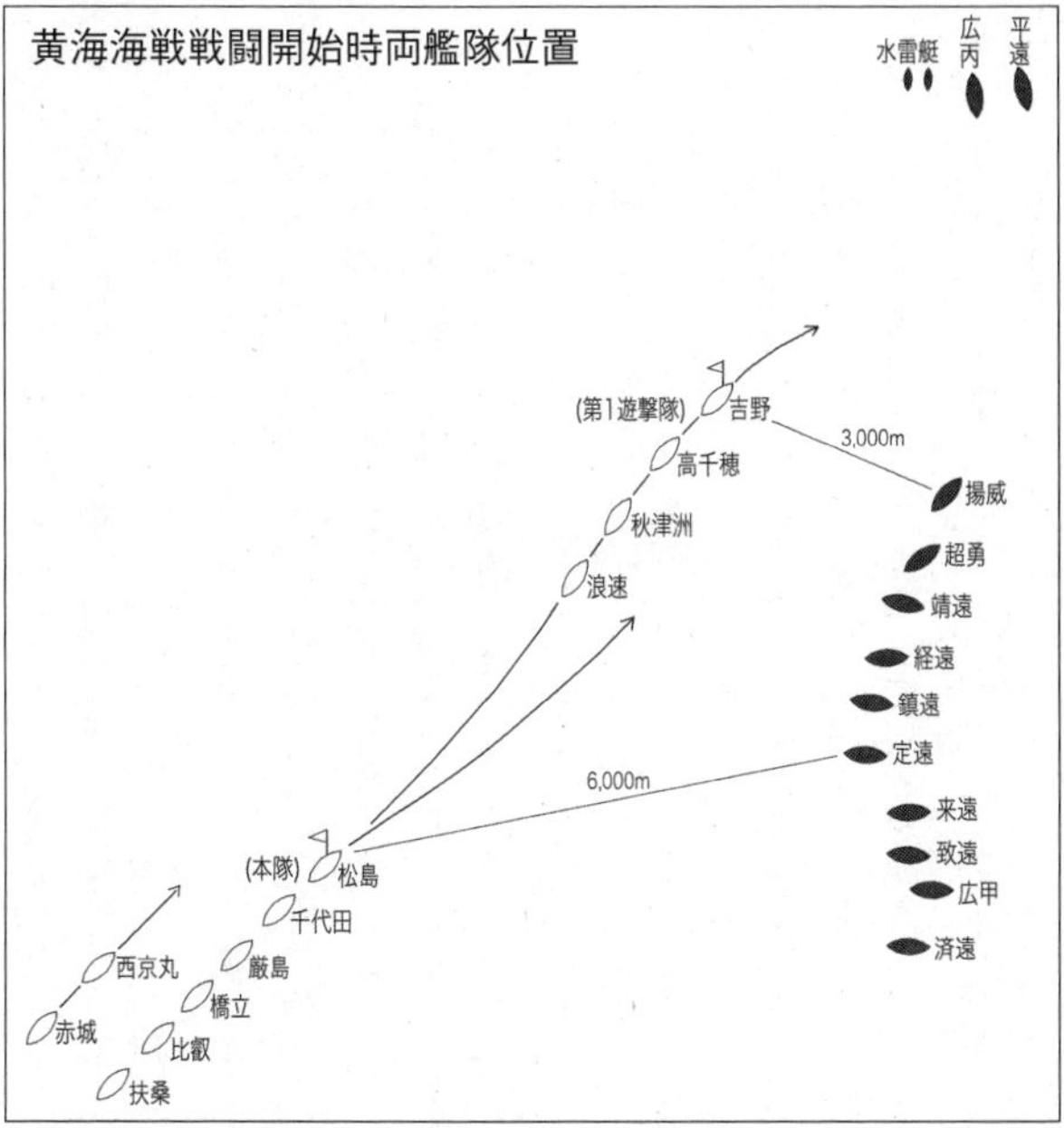

清国艦隊は横陣の中心に「定遠」、「鎮遠」の二大装甲艦を置き、両翼に配下の巡洋艦等を配するオーソドックスな陣形で、これに対して日本側は優速の巡洋艦四隻からなる第一遊撃隊と旗艦「松島」以下三景艦ら六隻からなる本隊が単縦陣で二群に分かれてこれに向かい、「西京丸」と「赤城」は本隊の左舷側（非戦闘側）を航行していた。

一二時五〇分、第一遊撃隊に距離六〇〇〇メートルに接近した清国艦隊は射撃を開始、第一遊撃隊はこれに応えず速力をあげて急進し、距離三〇〇〇メートルにいたって射撃を開始した。第一遊撃隊は弧を描くように、清国艦隊の右翼に対してその安式速射砲の砲火を注いだため、清国艦隊の二隻が早くも沈没、炎上の憂き目にあった。第一遊撃隊は引き続き旋回を続けて砲撃を続けようとしたが、本隊の殿艦の射撃と相対する位置になるため、一三時二〇分に左に旋回してこれを避けた。

これより先、戦闘開始に先立って旗艦から「西京丸」と「赤城」に対して、〈避けよ〉の信号があり、戦場からの離脱を命じていた。しかし、本隊も第一遊撃隊に続いて右回頭しながら戦闘を開始したため、「西京丸」は速力をあげて本隊左舷側を航行していたが、一三時一四分、本船は「定遠」か「鎮遠」の発射したと思われる三〇センチ砲弾が上甲板士官室に命中し炸裂せずに、右舷二〇メートルほどの海面に着弾した。

この間、本隊の「比叡」は低速のため旗艦以下に大きく遅れたため、横陣で接近する清国艦隊の「定遠」と「来遠」の間をすり抜ける、中央突破をはかり、清国艦からの集中打を浴びたものの、勇戦して何とか脱出に成功する。また「赤城」も低速のため避難が遅れ清国側に包囲、追跡されて、艦長も戦死する危機もあったが、これも何とか逃れて生き延びた。

「西京丸」の奮戦と題された錦絵の一つ。中央の船が「西京丸」とされている。手前に清国海軍の水雷艇が描かれている

「西京丸」はひとり本隊より離れ、一時右に回頭してきた第一遊撃隊の左側に位置したが、一四時一五分に「比叡」と「赤城」の危機を見て、本船より〈比叡、赤城の二隻危険〉と報じるが、同二二分ごろには近づいてきた「定遠」「鎮遠」他一隻から攻撃され、右舷二〇〇メートルほどで跳弾となった三〇センチ砲弾がサロンの右舷側に命中、サロンと機械室の中間で炸裂、周辺を破壊した。この被害で舵機に達する蒸気管が破裂して操舵不能になるが、人力操舵に切り替えて何とか避難する。この時本船は本隊、第一遊撃隊とは大きく離れて、単独で戦場を離脱せんとしたが、またも二〇〇〇メートルほどの距離で清国艦隊と遭遇、敵弾が右舷後部水線部に命中、若干の浸水があったが離脱できた。

同四〇分ごろ艦首方向から清国砲艦「平遠」と

「広丙」が水雷艇を伴って接近（これは本隊に遅れて戦場に到着）してくる。本船はこれに対して艦首の安式一二センチ砲で反撃、水雷艇はこの砲撃で恐れをなして離脱したが、二隻とは距離五〇〇メートルで反航しながら交戦する。

同五五分、今度は艦首方向から清国水雷艇「福竜」が接近してくるのを発見、一五時〇五分、同艇は艦首発射管から魚雷を発射するも左舷を通過命中せず、さらに接近して左舷四〇メートルの至近から旋回発射管を指向して魚雷を発射するが、これは本船の船底を通過して右舷に去っていった。この間、本船も反撃したものの、有効打を与えることはできなかった。これでやっと危機を脱した本船は以後、戦場を離脱して翌一八日の午前一時一五分に根拠地に帰投している。

この戦闘で「西京丸」の被弾は一二発、内四発は三〇センチ砲弾だったというから、この程度の被害に止まり、死者は一名のみであったのは奇跡に近い幸運であった。旗艦の「松島」では「鎮遠」の発射した三〇センチ砲弾二発により、一二センチ砲の装薬に引火、二八名が戦死、六八名が負傷する大被害を生じている。

ちなみに、「西京丸」の発射したのは、一二センチ砲四二発、五七ミリ砲五九発、四七ミリ砲一三四発、さらに小銃弾二五発、拳銃一五発というのは、多分、清国水雷艇「福竜」が接近した時に小銃、拳銃で応戦したものらしく、当時の錦絵にもこれが

黄海海戦における「西京丸」奮戦模様。海戦中は拳銃も使用された

描かれている。落ち着いて射撃すれば「福竜」ていどなら一二センチ砲弾を二～三発命中させれば、仕留めることもできたと思われるが、四〇メートルという至近まで接近されると意外と命中させられないものである。

その後の巡洋艦代用船

「西京丸」はこの後翌日から乗組員による仮修理を行ない、舵機を修復、二四日に大同江を発して宇品に到着、一〇月二日に天皇が御乗船、翌日呉に回航して本格的修理を行ない、一二日間で工事を終え、宇品、佐世保を経て一〇月二四日に大同江に到着、戦線に復帰した。

この「西京丸」の行動は例外的なもので、軍令部長という海軍の最高首脳が、こうした形で戦場に赴いたことにも、海軍内部からも批判がなかったわけではない。たまたま幸運に恵まれたものの、一歩間違えば軍令部長遭難の危機があったわけで、もし、「福竜」がもう少し離れた位置から魚雷を発射していたら、運命は逆転したかもしれない。

戦後、「西京丸」は上海航路に復帰したが、戦争中の武勇伝が有名になり、それ目当てに乗船する人が多かったといわれている。本船は大正一〇年、栗林商船に売却、昭和二年に大阪で解体されている。この間、日露戦争では病院船として再度ご奉公している。

他の巡洋艦代用の各船も後の日露戦争で再度のご奉公を勤めることになり、「山城丸」と「近江丸」は給兵船、運送船を務め、後に病院船に変わっている。「相模丸」は最初運送船として使われたが、後に旅順港閉塞船として使用されて最期をむかえている。

この海戦時、「西京丸」の一等機関士として乗り組んでいた清水為政氏が、個人的に撮影した写真が、現在東京海洋大学図書館に残されており、東京商船大学の卒業者が寄贈したもので、鶏卵紙の印画紙に焼き付けた原画ということである。

現在、ネット上で公開されている画像を見ると、戦前の刊行物に何枚かは掲載されているものもあるが、海戦の光景や、泊地での光景、「西京丸」や「赤城」の被弾損傷部、「西京丸」をふくむ各艦艇の写真等は非常に珍しいものも多く、歴史的にも貴重な存在である。

この海戦の直後、明治二七（一八九四）年に、この写真の中から海戦関係の三九枚を取り出して掲載した、〈Japan-China War/ Naval Battle of Haiyang〉と題した洋書が発刊されており、著者はJukichi Inouye（井上重吉?）となって、出版元は東洋にあるKelly and Walshという英国系?の出版社らしい。今日、ほとんど知られていないが国会図書館のデジタル・ライブラリーで公開している。

「西京丸」の巡洋艦代用時の写真は、この清水氏の撮影した写真以外にはないようである。

日清戦争での体験から、日本海軍では戦後、民間商船の巡洋艦代用制度の見直しと、将来への準備として、海軍予備汽船規定や巡洋艦代用にするべき商船の建造保護法案等が検討されることになる。海軍としては、徴用した巡洋艦代用汽船の性能が、当時の諸外国の船に比べてかなり格差があり、大きさや速力、兵装艤装の方式にかなり不満があったようで、英国のように、平時から巡洋艦代用船にすべき船を用意しておくべきとして、「海軍予備汽船」という規定案を提唱していた。この規定では、一・海軍予備汽船は巡洋艦に代用すべき汽船、または有事に際して海軍の役務に従事すべき自衛的運送船をもって、これに当てるものとする。

二・海軍予備汽船は常に海軍旗章条例に従うものとする。

明治27年9月17日、日清海戦中の「西京丸」士官室の撃破模様（東京海洋大学附属図書館所蔵）

明治27年9月17日、日清海戦中にて被弾した「西京丸」の上甲板（東京海洋大学附属図書館所蔵）

巡洋艦代用汽船「西京丸」。戦後は上海航路に復帰、日露戦争では病院船として運用された（東京海洋大学附属図書館所蔵）

三．海軍予備汽船は海軍休職、予備、後備役将校をもって船長にあてるものとする。

四．海軍予備汽船は士官の半数は海軍休職、予備、後備役将校、候補生を当てるものとする。

五．海軍予備汽船は海軍予備、後備退役の下士卒をもって水夫全員の三分の一をあてるものとする。

六．その他省略

要するに、平時より指定船の乗員を有事の配員とほぼ同様の構成として、有事に運用面で迅速かつ容易に巡洋艦代用任務に移行できるように配慮したもので、ただし、平時から海軍軍人を雇用することで、平時の商業業務をこなせるのか？ また船与はどうなるのか、海軍から船主に対するよほどの保護政策がないと成立しない規定のようにも思える。

これらの運用面での規定に対して、実際に巡洋艦代用汽船を建造整備する上での「巡洋艦代用にすべき商船造船保護法」というものも提案されていた。

一．本国籍を有する国民の保有する海軍予備船籍に登録し、有事に際し、軍務に服する巡洋艦代用商船を製造する者は、本法の規定による汽船製造に対して保護金を下付するものとする。

二．本法による製造保護金をうける汽船は海軍の指定した次の諸事項を満たす必要があるものに限る。

三．船体は鋼製もしくは鉄製にして登簿トン数三〇〇〇トン以上の汽船にかぎる。

四．速力は一八ノット以上とする。

五．推進器は二軸以上とする。

六．機関部位置は水線下にあるか、またはこの上部に達する時は、舷側との間に厚さ五フィート以上の石炭庫を配置するか、もしくはこれと同等の効力を持つ防禦を設けること。

七．堅牢な防水区画を数多く備えること。

八．舵機は水線下にあるか、もしくは何らかの防禦を施すこと。

九．砲を装備する場所をあらかじめ造っておくこと。

一〇．火薬庫の位置を定めておくこと。

一一．一〇ノットにて四〇〇〇浬以上航行できる石炭を搭載できること。

一二．一五トンまでの重量物を揚げ卸しできる起重機を備えること。

一三．造船保護金は登簿トン数一トンあたり金一〇〇円を支給する。

一四．予備船籍簿に登記された汽船は進水から満二〇年を期限とし、期限内でも災害、その他の事故により軍用に適せざると認められた場合は船籍より除外される。


これらの巡洋艦代用船に対する国家、海軍としての法案はもちろんこのまま法案として成立したものではないが、日清戦争後の海運会社は、戦時中の徴用船代金らにより、大いに潤い、戦後は政府の実施した航海奨励法や特定航路への助成金等により急速に成長、拡大を図ることになり、優秀船もぞくぞくと建造されることになった。そして一〇年後に再度の有事体制、日露戦争を迎えることになる。

第二章　日露戦争期

商船を仮装巡洋艦に改装

第一章では日清戦争時の仮装巡洋艦について述べた。本章の日露戦争は日清戦争から一〇年後に勃発した戦争で、対戦国のロシアは当時の大国で軍事力も列強の中では群を抜いていた。

日清戦争で勝利した日本に対して直後にロシア、フランス、ドイツの列強三国は、いわゆる「三国干渉」といわれた露骨な脅しをおこなって、日本が遼東半島に権益を得ることを断念させるや、ロシアは代わって半島先端の旅順を海軍基地として租借し、ロシア念願の南下政策の拠点を、ちゃっかりと確保してしまった。

以後ロシアはここに大海軍基地を建設して、強力な艦隊を常駐させて、ロシア太平洋艦隊を編成し、冬季凍結するウラジオストックと違って、直接太平洋方面へ強力なシーパワーを発揮することができるようになった。

もちろん、日本もこうしたロシアの南下策を十分承知しており、日露が半島の権益をめぐっていずれ衝突することは想定ずみであった。そのためには、ロシア太平洋艦隊に対抗できる海軍力の整備が必須の条件であった。日清戦争に勝利したとはいえ、国力でロシアに大きく劣る日本がそれだけの海軍兵力を短期間に整備するには、身分不相応な財政負担が必要であったが、日本は富国強兵を合言葉に、これを一〇年間で完成させることができたことで、日露開戦を選択できる時宜を得たといっていいであろう。

海軍力に次ぐシーパワーの源である商船隊も日清戦争時から大きく飛躍し、日清戦争時の登録汽船約四〇〇隻一六万七〇〇〇総トンに対して、一六〇〇隻六七万総トンと総トン数で四倍に達していた。商船会社も日清戦争時の日本郵船一社に対して大阪商船、東洋汽船という大手商船会社も出現して、外国航路用に持船も大型、快速の汽船が多数出現していた。

日清戦争時に日本陸海軍が徴用した船舶は一三〇隻二二万七〇〇〇総トンと称され

ている。これは先の保有船舶と戦時に購入して不足分を補った船舶を合計したものから拠出したもので、これに対して、日露戦争時に陸海軍に徴用された船舶は二六六隻六七万総トンと三倍近くにに達している。この場合も戦争中に購入、新造、捕獲した船舶を加算した合計は一〇〇万総トン前後に達するはずである。すなわち、日本の登録汽船の七割弱が軍用に供されたことになる。

日露戦争中に海軍が雇用借り上げた船舶は傭船名簿から算出すると、一一〇隻二七万九八二三総トンとなる。この他に各鎮守府が雇用した分として一二九隻二万七四四四総トン、さらに戦時中に捕獲した船舶三〇隻九万二九五六総トンがあり、これらを全て合計すると二三九隻三〇万七二七七総トンとなる。この内、各鎮守府借り上げ船舶は小型船が多く、舟艇の類も含まれており、各鎮守府港湾で使用される雑用船が大半で、隻数的には連合艦隊の前進基地に最も近く、戦争中に艦船の出入りがもっともひんぱんだった佐世保鎮守府が全体の半数近くを占めている。ただし、呉鎮守府の雇用した蛟龍丸（仮装砲艦七四五総トン）のように機雷敷設装置を設けて、旅順沖に機雷敷設をおこなって、その機雷にロシア戦艦「ペトロパウロウスク」が触れて轟沈、マカロフ中将が戦死するという大殊勲をあげた船もあった。

日露戦争において海軍が借り上げた特設艦船は、先の日清戦争と違って、海軍兵力の充実にともなって、極めて多岐にわたる艦種に及んでおり、これは後の太平洋戦争時の特設艦船に匹敵するものであった。

主役の仮装巡洋艦は戦争中に一二隻が就役したが、以下水雷母艦五隻、仮装砲艦二一隻、水雷沈置船（機雷敷設船）五隻、工作船五隻、給兵船二隻、給炭船一三隻、給水船四隻、給糧船二隻、通信船五隻、救難船三隻、病院船二隻、運送船一六隻、海底電線沈置船二隻、閉塞船二一隻、艦隊付属防備隊船一隻となっている。

これらの大半は海軍省が借り上げた船舶により充当されている。これらの中で後の太平洋戦争時の特設艦船にないのは閉塞船で、これは旅順港口に複数の船舶を自沈させて閉塞し、港内の艦船を閉じ込めようとした作戦だったが、結果的には効果は少なかった。

仮装巡洋艦の候補船

仮装巡洋艦はこうした特設艦船の中でトップに位置するものだが、この時期に仮装巡洋艦にふさわしい、大型、快速の船舶が日本の商船隊にどれだけ揃っていたかというと、これは多分に心もとなかったと言わざるをえない状況だった。というのも海軍

太平洋航路時代における白色塗装の「日本丸」

艦艇と同様、優秀船舶は英国製が大半で、国産船舶はまだレベルは低かった。

これらの商船隊の中でも特に文句なしに仮装巡洋艦に選ばれたのは、新興の商船会社東洋汽船の「日本丸」、「香港丸」、「亜米利加丸」のトリオであった。東洋汽船は明治二九年に創業された新興会社で、これまで三〇年以上にわたって英米商船会社に独占されていた、香港、サンフランシスコ間の太平洋航路に参入するために、英国で建造された七〇〇〇トン級、速力一七ノットの快速船で、一等一〇一～一〇九名、二等二〇名、三等四八一～五八二名の乗客を乗せられる当時一流の客船であった。クリッパー形船首、傾斜した二本煙突、二檣で白色塗装の船体は当時の米英ライバル船に習ったもので、一隻一二〇万円という建造費も抜群に高額で、政府から毎年一〇万円の補助金が一〇年間支給されたとも言われていた。

大阪商船の台湾航路の貨客船「台中丸」

海軍が日露開戦前に準備した仮装巡洋艦はこの三隻以外に大阪商船の台湾航路の貨客船「台中丸」と「台南丸」の姉妹船と、日本郵船の「八幡丸」の三隻の合計六隻であった。この三隻は総トン数は三〇〇〇トン級で小型であったが速力は一六ノットと比較的快速で船齢も若かった。

開戦時の連合艦隊の編成では、第一～三艦隊に各四隻の二、三等巡洋艦が配属されており、これら仮装巡洋艦は特務艦船として他の特設艦船とともに連合艦隊に付属することになっていた。しかし、日露開戦直前になって「亜米利加丸」と「八幡丸」の傭船が解除されて、代わりに「揚武」という韓国政府の軍艦？　が仮装巡洋艦候補として登場してきた。

この「揚武」という船は本来一八八八年に英

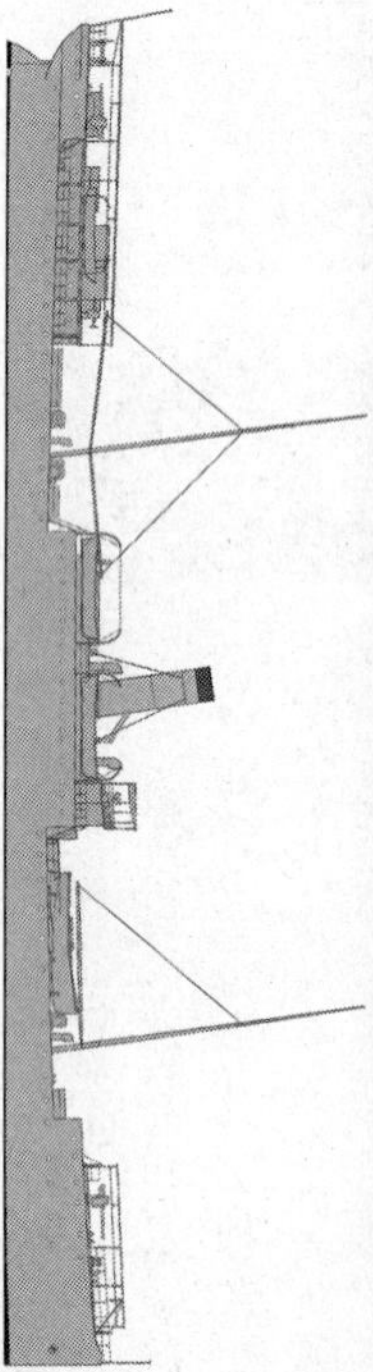

揚武

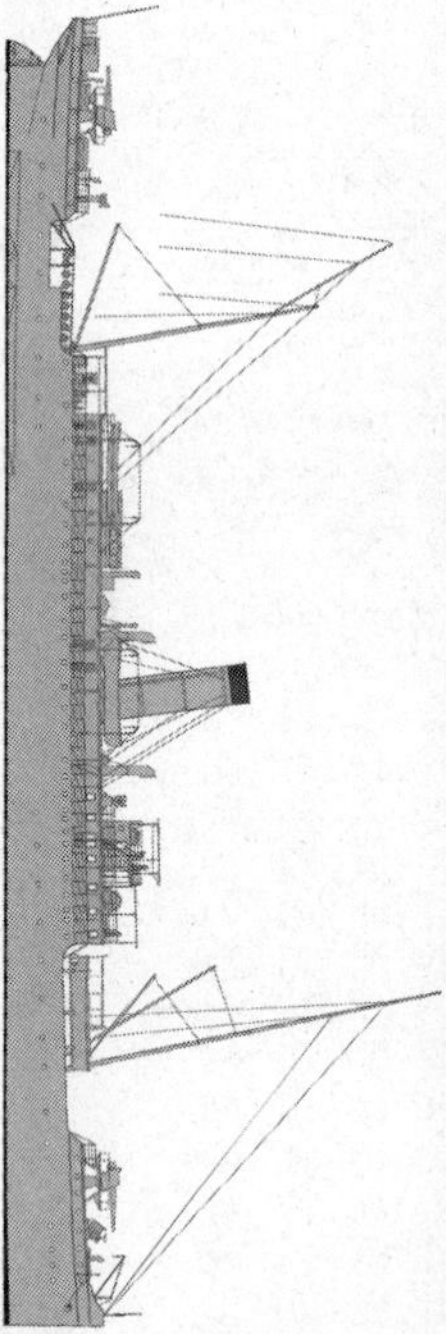

台南丸

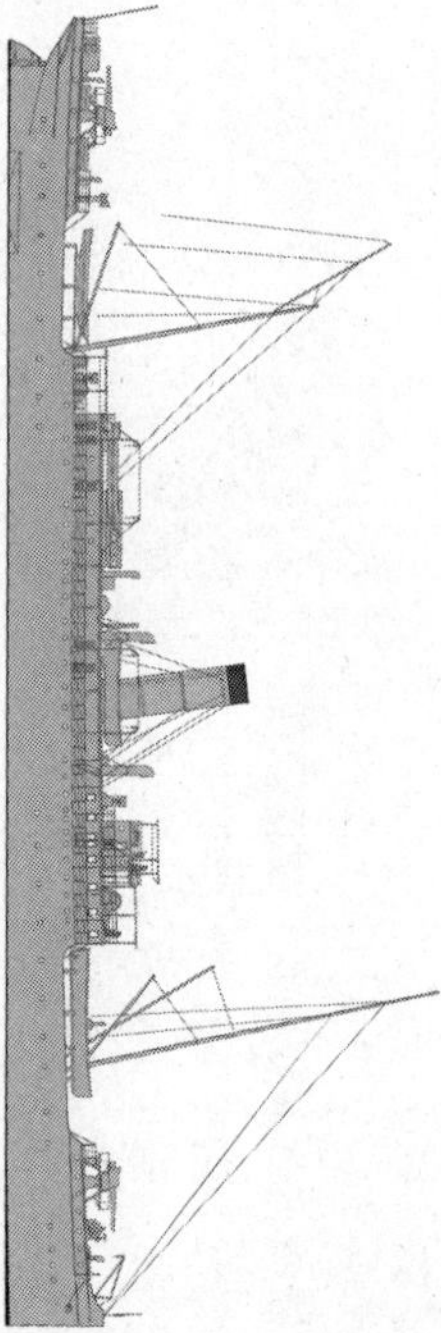

台中丸

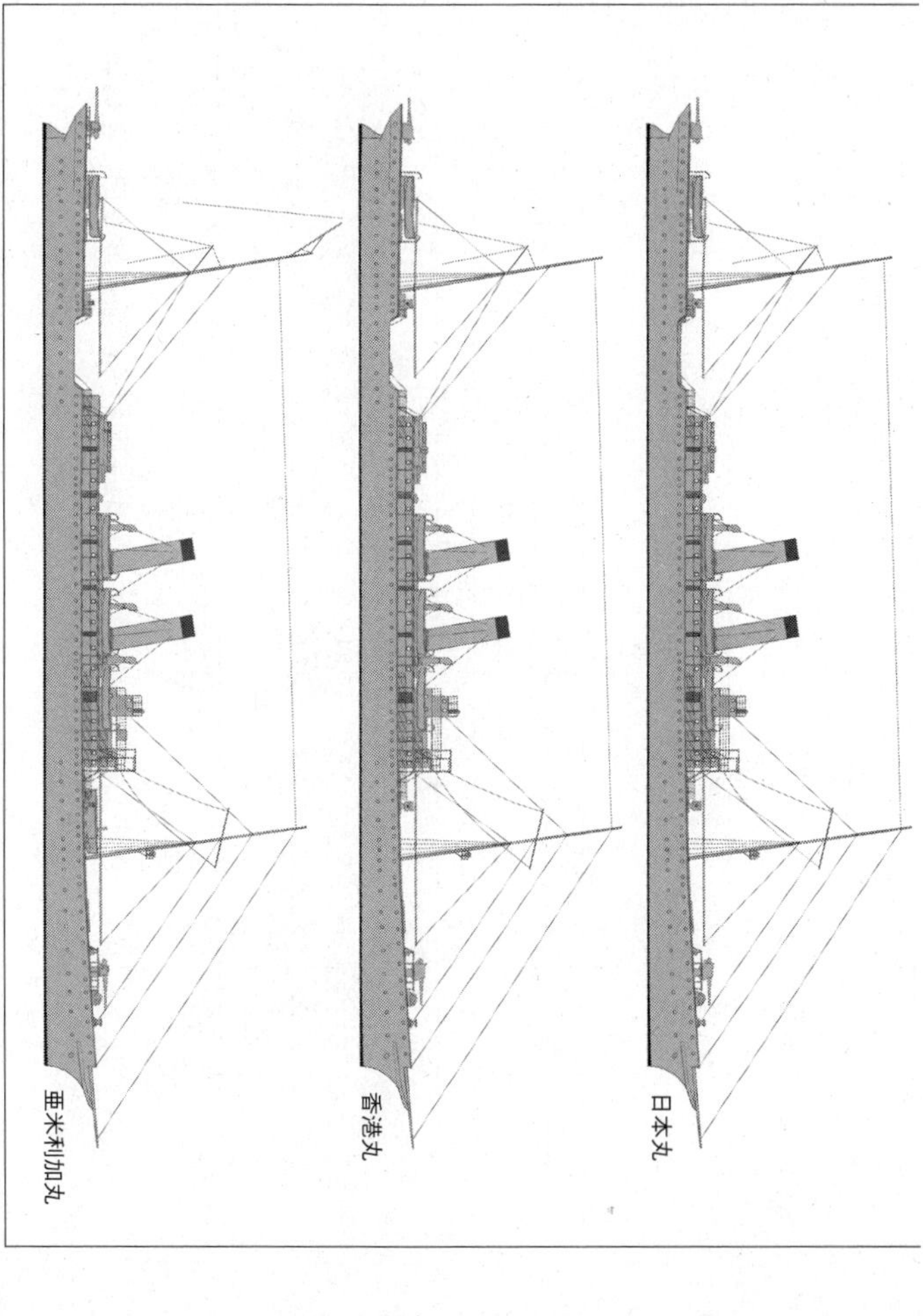
亜米利加丸
香港丸
日本丸

日露戦争時の日本海軍仮装巡洋艦一覧(1)

船名	台中丸	台南丸	揚武(旧勝立丸)
船種	鋼製貨客船	同左	鋼製貨物船
総トン数(T)	3319	3311	3436
排水量(T)	6030		
載貨重量(T)	3400	3262	3850
長さ(垂線間長) (m)	101.5	同左	105.55
幅(m)	13.11	13.09	12.61
深さ(m)	7.32	7.71	8.35
平均吃水/載貨(m)	7.01	7.06	7.32
〃 /空貨(m)	4.22	3.96	4.19
主機/数	直立3連成/1	同左	直立3連成/1
軸数	1	1	1
最大速力(ノット)	16	同左	13.5
通常速力(ノット)	13	同左	10.5
実馬力	3500	同左	1750
建造所	英ジェームス・レイング社	英ロバート・トムソン社	英レイルトン・デクソン社
竣工年月	1897	1897	1888
船主	大阪商船	同左	三井物産合名会社(韓国政府)
建造(購入)金額(円)	61万7853	62万5126	25万(購入)
雇入年月日 / 解除年月日	M37-1-17/M38-12-23	M37-1-7/M38-12-21	M37-2-27/M38-5-31
雇用代金(円)	27万492	26万9581	12万8260
所属鎮守府	呉	同左	横須賀

艤装工事着手／完成	M37-1-13/M37-1-22	M37-1-8/M37-1-21	M37-3-7/M37- 3-23
兵装／弾薬数1門当り（小銃拳銃弾薬は総数）	安式40口径12cm砲×2/400 47㎜重速射砲×4/1600 小銃×40/1万2000 拳銃×20/2850 機雷敷設装置（予定）	安式40口径12cm砲×2/400 47㎜重速射砲×4/1600 小銃×40/1万2000 拳銃×20/2850 機雷敷設装置（後日装備） 触発式機雷×28 水雷浮標×35	比式32口径12cm砲×4 47㎜速射砲×4 （韓国軍艦として三井物産が引き渡し時の兵装）
補給用弾薬	安式12cm砲弾薬×2400 47mm重速射砲〃×2400 47mm 軽速射砲〃×1600	同左	
短艇（増設分）	9.2m伝馬舟×6 小汽艇×2	同左	小汽艇×1
定員〈准士官以上＋下士官＋卒＋軍属（合計）＋固有船員〉	13+30+120+14（177）+8	17+27+125+9（178）	

国で建造された「パラス」という英国貨物船であったが、明治二七年に三井物産（後の三井船舶）が購入して、「勝立丸」と命名して、三井鉱山の三池炭鉱で採掘した石炭を香港に運ぶ石炭船として用いていた。明治三〇年には日本陸軍に雇用されて運輸通信部の御用船となったこともあったが、明治三六年に韓国政府に売却されることになった。というのも韓国政府が軍艦を欲しがっているという話を聞きつけた三井物産の現地社員が自社の持船の「勝立丸」に若干の武装を施して韓国政府に売り込んだと

いうのが、真相らしい。当時、韓国は独立国ではあったが清国と日本の間にはさまれて自前の軍隊を持っていず、大国の庇護のもとにあることに甘んじていた。海軍については士官学校の創設を意図したこともあったというが、日本側の反対もあって実現しなかったという。こうした折に韓国最初の軍艦？の取得を図ったものらしく、三井物産ではかなりのボロ船を高値で売りつけて一儲けを狙ったものらしかったが、あまりに高いと韓国内で問題になり、半値近くまで値引きしたという。日露開戦が迫るとこうした武装船が韓国内で他国に奪取されることを恐れた日本海軍が、売却元の三井物産を通して日本海軍に貸与すれば、雇用料金も得られるとして折衝したらしい。この結果、三井物産が窓口になって「揚武」を借り上げ横須賀に送り込んで、ここで日本海軍も正式に本船を雇用して仮装巡洋艦として艤装を施すことになったのである。

開戦は五隻の仮装巡洋艦で迎える

「揚武」の艤装工事が始まった時、すでに日露は開戦していたが、搭乗人員についでは「八幡丸」用に準備された人員を回すことに、さらに搭載すべき端船としては「亜米利加丸」に搭載を予定していた分を回すことになった。一旦仮装巡洋艦に定められ

満艦飾を行なった「揚武」。撮影時の「揚武」は、韓国軍艦時代と思われる

た「亜米利加丸」と「八幡丸」が解雇された理由があまり明確ではなく、「亜米利加丸」については艤装中に火災事故があったということも言われており、また陸軍が兵員輸送用に欲しがったとの説もあった。ただ、この年の一二月には再度仮装巡洋艦に定められて就役している。

「八幡丸」についても「揚武」の入手が決まったから解雇されたのか別の理由があったのかははっきりしないが、「亜米利加丸」と同様、年末に再度仮装巡洋艦として編入されている。

「揚武」には本来軍艦として三井物産が売却時に施した兵装があり、比式一二センチ砲四門、四七ミリ速射砲四門が装備されていたので、日本側としてはこの際新たな砲の装備は行なわなかった。比式とはフランス製のフィブリール式速射砲で、三景艦建造時採用をめぐって英国の安式速射砲との選定に負け、少数が試験的に輸入され、砲艦の「赤城」と「大島」に装備していたが、発砲時の衝撃が大きく、安式に劣るとされていた。多分、三井物産はこれの在庫品の払い下げをうけて本船に装備したらしい。弾薬庫については当時設置されていなかったようで、艦隊補給用の弾薬を搭載する必要上新設されたらしい。小銃と拳銃も定数不足分が弾薬とともに新たに装備された。本艦の艤装は横須賀工廠が担当して明治三七年三月二八日に横須賀を出航、佐世保に向かった。出港に際しては海底敷設用の電線三万メートル分を搭載して佐世保で「沖縄丸」(海底電線敷設船)に届けることになっていた。

「揚武」の仮装巡洋艦のための艤装について説明したが、次に最初に就役した「台中丸」、「台南丸」の艤装について触れてみよう。この二隻には船型が小型であるところから安式一二センチ砲二門を艦首尾に装備、さらに四七ミリ重速射砲四門を艦橋両側と最上甲板後端両側に装備した。また前後に弾薬庫を設けて、自艦用の弾薬の他に艦隊への補給用弾薬を搭載するようになっていた。搭載する端艇は伝馬船四隻を後部荷役甲板上に架台を設けて搭載、さらに伝馬船二隻を中央部の艦橋甲板後端に搭載している。このために艦橋甲板に搭載していた本来の救命艇四隻を撤去している。さらに、前部荷役甲板に小蒸汽艇二隻を搭載している。「台中丸」ではこの二隻の小蒸汽艇の内の一隻を、やや大型の「伊勢丸」という呉鎮守府が借り上げた総トン数四トンの汽

日露戦争後、1911 年大阪商船に売却された「香港丸」

艇を搭載していた。こうした多数の伝馬船や汽艇の搭載は主に人員や弾薬、物資の輸送、補給用に用いる作業艇の役割があったものと思われた。

なお探照灯や測距儀さらに無電機の装備はこの時点では未装備だったものと思われ、後檣のガフはこの無電機を装備時に設けたものである。特に「台南丸」の機雷敷設装備も後日装備でここでは有していなかった。

これに対してより大型、快速の「日本丸」、「香港丸」の艤装についてはもう少し本格的なものであった。備砲は現役巡洋艦の多くが装備した、安式一五センチ砲二門を艦首尾に配し、さらに安式八センチ砲四門と四七ミリ重速射砲二門を上甲板と最上甲板に配置している。仮装巡洋艦として増設した端艇は小蒸汽艇と伝馬船各一とされているが、資料として残っている仮装巡洋艦の図面は、小蒸汽艇については前後の荷役甲板に搭載されていることはわかるものの、伝馬船については明確ではない。先の台中丸級に比べて増設伝馬船の数が少ないのは、この二隻には本来の仮装巡洋艦の任務を果たすことを期待して、補給や輸送等の雑用は他船にまかせる意図があったことがわかる。

もっとも、前後の弾薬庫は他の仮装巡洋艦より大型で艦隊への補給用弾薬の搭載も行なっていた。そのため、日本丸級の艦長には大佐が任命されたが台中丸級には中佐が配員されていた。先の「揚武」も台中丸級と同様。

このように開戦直後の仮装巡洋艦は「日本丸」、「香港丸」、「台中丸」、「台南丸」に「揚武」が加わり五隻態勢となり、残りの仮装巡洋艦は旅順が陥落して来航が予想されたロシア第二太平洋艦隊の迎撃のための準備として、新たに傭船が行なわれたことで実現したもので、戦役の大部分の期間はこの五隻で対処してきたことになる。

戦局は緒戦で朝鮮半島に分派されていたロシア艦船を仁川で撃破、排除したことで遼東半島先端に位置するロシア太平洋艦隊の根拠地旅順一箇所に集約することになった。日本海側のウラジオストックにはウラジオ艦隊と称した大型装甲巡洋艦三隻を主力とした有力艦が多く、当時八口浦の泊地は日本一混雑していた軍事基地であった。

このために仮装巡洋艦の一隻、「台中丸」はほぼ常時ここ八口浦の泊地に駐在して港務部兵力が存在したが、朝鮮半島を挟んで簡単に旅順への出入りは困難で、当面は、旅順を封鎖すれば黄海の制海権は日本側にあったと言ってよかった。このため、連合艦隊の前進基地として朝鮮海峡側と黄海側の両方に睨みをきかせられる朝鮮半島南端付近の八口浦が選ばれた。ここは佐世保へは近かったが、反面旅順へはかなり距離がありロシア主力艦隊が出撃してきた場合、ここから出撃してはとても間に合わないため、日本側の主力艦隊は交代で常に旅順沖にあって、近くの洋上に仮泊して、出撃に備える態勢がしばらく続くことになった。交代で八口浦に戻った艦隊はここで補給、整備を行なうもので、そのため内地からの補給用物資を搭載した船舶や大陸への陸軍部隊の輸送船団出発任務も「台中丸」艦長が代行することになった。

海軍における港務とは泊地内の輸送、通信業務、郵便物の授受取り扱い、入港する艦船の錨地指定手配、泊地内の航路標識の設置管理、泊地内の哨戒任務等、他艦船への転勤途中の人員が自分の艦船が入港するまでの宿泊食事等の世話まで多岐にわたるものであった。さらにその間に水、糧食、石炭、弾薬等の補給も行なっており、もちろん、はじめからわかっていれば、もっと任務に適した船もあったとは思うが、こうしたことで、「台中丸」は戦役のほぼ全期を通じてこの任務に従事することになった

日本丸

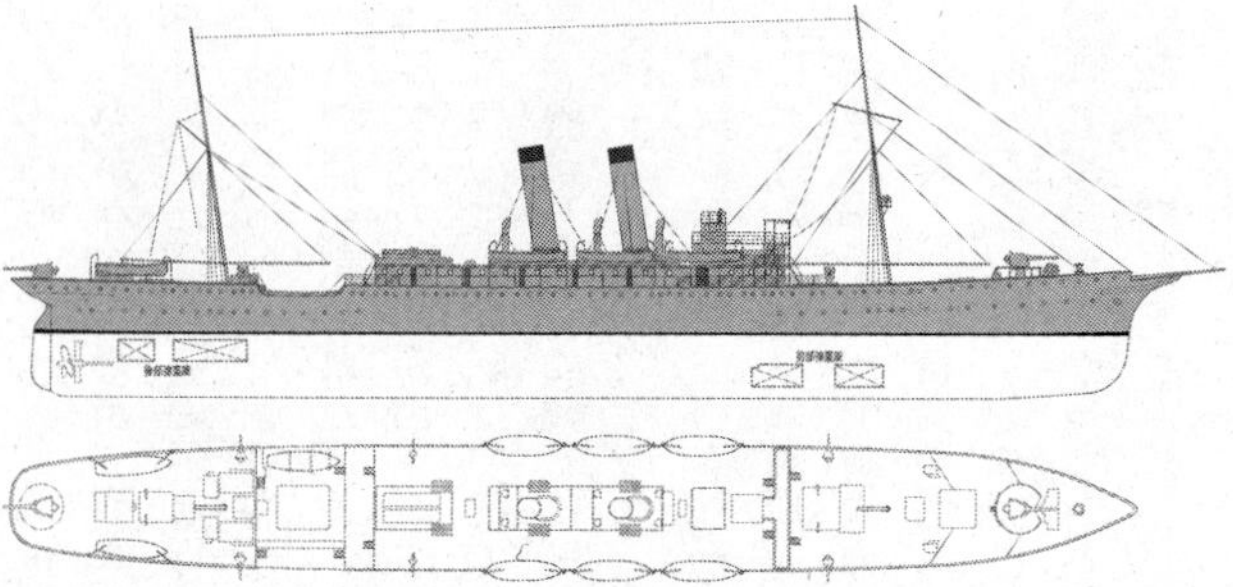

台中丸

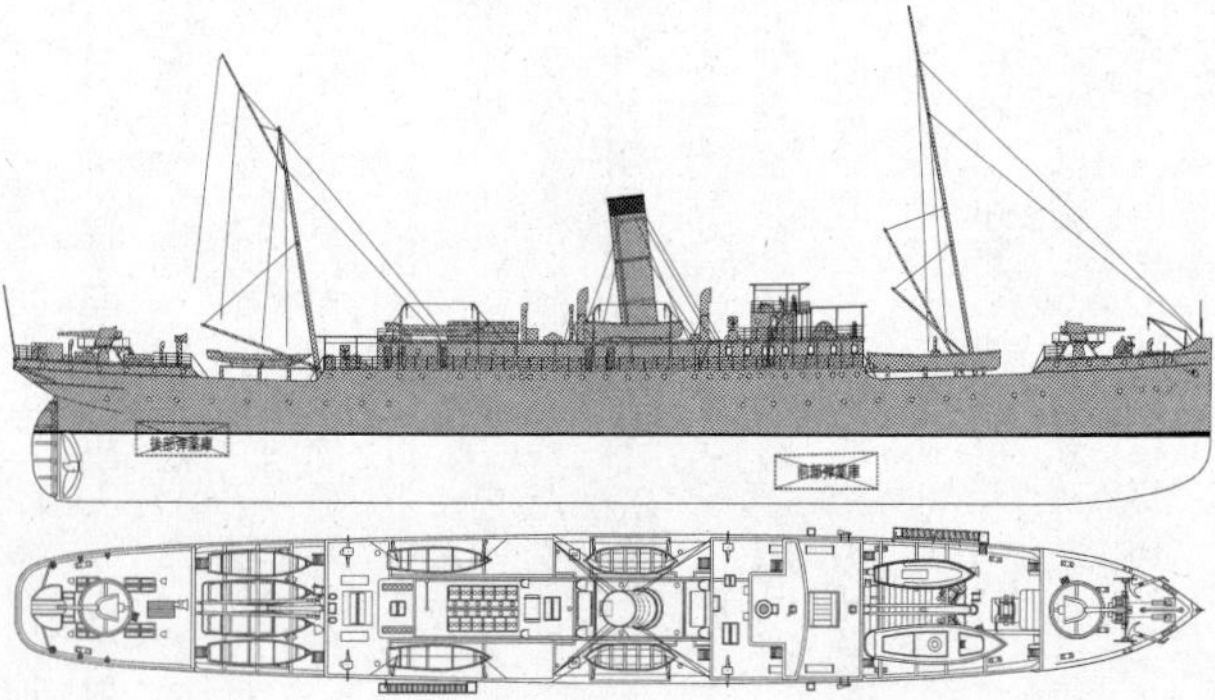

のである。

遼東半島上陸作戦の揚陸艦に

緒戦は大陸への陸軍部隊を輸送するために、海軍としてその支援が大きな任務であった。

遼東半島に第二軍陸軍部隊を上陸させて、大陸側の第一軍と連携して遼東半島の占領を行ない、旅順を陸側からも遮断することは旅順攻略の大前提であった。上陸地点は半島の東岸、大連湾の北東にある塩大澳で、明治三七年五月初め輸送船八〇余隻に陸軍二個師団が乗船して待機していた。この上陸地点はロシア軍の占領下にあるため陸軍部隊の上陸に先立って、海軍陸戦隊を奇襲上陸させて橋頭堡を確保することになった。この時に陸戦隊の揚陸艦に選ばれたのが「香港丸」と「日本丸」の仮装巡洋艦で、多分、広い船内の収容力がかわれたのであろう。野中綱明海軍大佐を指揮官とする連合艦隊付属陸戦隊一〇四二名は両艦に乗艦して、五月五日の早朝、端舟に分乗して上陸を敢行、橋頭堡を確保して、陸軍部隊の上陸を成功させることができた。

「香港丸」と「日本丸」はこれより先、就役直後は黄海で旅順、大連に向かう船舶の臨検任務に当たっていたが、三月五日急遽北の津軽海峡の哨戒任務を命じられ、「香港丸」艦長の指揮下、函館を基地として約一ヵ月間、津軽海峡に派遣されることになった。

二隻は四月九日に横須賀に呼び戻され、「日本丸」は九〇センチ探照灯二基を新設、発電機二台が増備された他無電機も新設された。「香港丸」の無電機装備はこの後七月になってから実施された。これらの工事と修理、整備と補給を終えた両船は再び戦場に戻って、第三艦隊に臨時編入されて、先の陸戦隊上陸任務についたのであった。以後二隻は旅順周辺で陸軍の金州攻撃支援、海軍陸戦隊の輸送、周辺海域の哨戒、臨検任務についていたが、八月末になって再度北方方面に派遣されることになった。今度は津軽海峡ではなく最北の宗谷海峡の哨戒が任務であった。これは八月の黄海海戦

台中丸
鋼製貨客船
3319
6030
3400
101.5
13.11
7.32
7.01
4.22
直立3連成/1
1
16
13
3500
同左
1897
大阪商船
61万7853
M37-1-17/M38-12-23
27万492
呉
M37-1-13/M37-1-22
安式40口径12cm砲×2/400 47mm重速射砲×4/1600 小銃×40/1万2000 拳銃×20/2850 機雷敷設装置(予定)
安式12cm砲弾薬×2400 47mm重速射砲〃×2400 47mm軽速射砲〃×1600
9.2m伝馬舟×6 小汽艇×2
13＋30＋120＋14(177)＋8

日露戦争時の日本海軍仮装巡洋艦一覧(2)

船名	日本丸	香港丸
船種	鋼製貨客船	同左
総トン数(T)	6,168	6,169
排水量(T)	1万755	同左
載貨重量(T)	5,940	同左
長さ(垂線間長)(m)	128.18	128.34
幅(m)	15.03	15.03
深さ(m)	9.04	9.05
平均吃水/載貨(m)	8.08	8.11
〃　/空貨(m)	5.44	5.46
主機/数	直立3連成/2	同左
軸数	2	同左
最大速力(ノット)	17.5	17.7
通常速力(ノット)	15	同左
実馬力	7,500	同左
建造所	英ジェームス・レイング社	同左
竣工年月	1898	同左
船主	東洋汽船	同左
建造(購入)金額(円)	120万	同左
雇入年月日/解除年月日	M37-1-23/M38-12-3	M37-1-19/M38-12-2 M37-12-10/M38-8-29
雇用代金(円)	60万2636	60万5385
所属鎮守府	横須賀	同左
艤装工事着手/完成	M37-1-25/M37-2-25	M37-1-25/M37-2-25 M37-12-12/M38-2-10
兵装/弾薬数1門当り(小銃拳銃弾薬は総数)	安式40口径15cm砲×2/200 安式40口径8cm砲×4/600 47mm重速射砲×2/400 小銃×42/12,600 拳銃×24/3,780 探照灯×1 測距儀×1	同左
補給用弾薬	安式15cm砲弾薬×4200 安式8cm砲弾薬×2400 47mm重速射砲〃×2400 47mm軽速射砲〃×1920	同左
短艇(増設分)	小汽艇×1 伝馬船×1	同左
定員〈准士官以上+下士官+卒+軍属(合計)+固有船員〉	15+22+123+6(176)+9	同左

後警戒の厳しい津軽海峡をさけてオホーツク海から侵入する敵性艦船を阻止することが目的であった。二隻は小樽と函館を補給基地として八月末から一〇月末までの約二ヵ月間にわたって、宗谷海峡だけでなく国後水道や択捉海峡まで範囲を広げて千島方面から、北海道北西部までの哨戒を行ない、黄海海戦後樺太に逃れて擱座放棄されたロシア巡洋艦「ノーウィック」の状態も観察報告していた。

一〇月二八日になって朝鮮海峡に復帰を命じられた「香港丸」と「日本丸」は、一一月三日に対馬の尾崎湾着、同六日より哨区に出動していたが、同一二日になって連合艦隊への復帰が命じられ、佐世保での修理、整備工事を終えて旅順沖の主力艦隊に合同、哨戒、臨検任務につくことになった。

「香港丸」「日本丸」の南方巡航と北方哨戒

一二月一〇日、海軍は「香港丸」と「日本丸」をシンガポール、ボルネオ方面に派遣してマダガスカルで後続艦隊の到着を待っているというロシア第二太平洋艦隊が極東方面に来航した場合、基地または泊地として利用可能な地理的条件の所在を調査、また情報収集を行なうことを命じた。このため、二隻は一ヵ月の遠洋航海に耐えられるように一週間で修理、整備工事を終えることを命じられて、早くも一二月一三日に佐世保を出航している。その後、前進基地たる澎湖島に一六日着、同日出港してシンガポールに向かった。

シンガポールで周辺の状態について外国艦船や武官からの情報収集の後、スンダ海峡を経てジャワ海に入り、ジャワ島南岸をバラン島付近まで航行した後、再度スンダ海峡を通過してジャワ島バタビアを経て、ジャワ島北岸を調査の後、ボルネオの西岸沿いに北上、ラブアン島に達したが、この島の対岸には、後の太平洋戦争で日本海軍の艦隊泊地として利用された、ブルネイ湾があったが、これについては特に触れられていない。その後ベトナムのプロコンドル島を経て帰途につき、澎湖島を経て翌年一月一八日佐世保に帰港した。

この後、ロシア第二太平洋艦隊は極東方面に来航した際、利用された泊地はベトナムのカムラン湾であったことは、よく知られている。

一ヵ月の南方巡航より帰ったばかりの「香港丸」と「日本丸」には、さっそく次の任務が待っていた。それは三度目になる北方派遣であった。

旅順陥落後の連合艦隊の課題は、来航するであろうロシア第二太平洋艦隊がいつ、どのルートでウラジオストックを目指すかということであった。ウラジオに向かうには対馬、津軽、宗谷の三海峡を通過するしかなく、最短は対馬海峡ルートだったが、わざわざ待ち構えているところに素直にくるかどうかは、最大の疑問だった。迎撃作戦を立案する連合艦隊の参謀たちは疑心暗鬼におちいり、対馬海峡で待つよりはウラジオ正面の日本海で待ち構えて、津軽、宗谷海峡を通過した場合にも備えてはという意見もあった。東郷も秋山にしても、最後の最後まで確信があったわけでないことはよく知られている。

相手のロシア艦隊としてはさまざまなハンデイを持って来航したわけだが、最後のこの進入ルートについてはイニシアチブを握っていたわけで、それを最大限に利用すべきであったにかかわらず、艦隊司令長官のロジェストウェンスキー中将は艦隊経験も少なく、臨機応変に行動する才覚もないワンマン提督であったことは日本側に最大の勝利をもたらした要因であった。もし、戦死したマカロフのような提督が司令長官だったら、ロシア艦隊も飛んで火に入る夏の虫のような状態にはならなかったであろう。

このような背景で「日本丸」と「香港丸」が北方に派遣されたもので、この時には第二戦隊の分遣隊として「吾妻」と「浅間」が派遣されており、二隻はこれを補佐する形で哨戒任務に当たることになった。長期の南方巡航の後だったので、二隻とも横須賀で修理、整備工事を必要としており、横須賀工廠が手いっぱいのため工事は横浜船渠に委託され、「日本丸」は二月一五日に横須賀で補給を終えて函館に向かったが、途中遭難した英船を救助したため函館に着いたのは二月二三日であった。先に函館に進出していた「香港丸」は探照灯や無電機の装備のため「日本丸」と交代して横須賀に戻り三月末に函館に到着した。

「日本丸」は二月二五日に函館を出て約一ヵ月間択捉海峡にとどまって、密輸船の拿捕と臨検に従事することになる。当時、津軽海峡では「吾妻」、「浅間」等の有力艦が、ウラジオ艦隊の脱出に備えていた他、「秋津洲」や「浪速」も派遣されており、かなりの兵力が分派されていた。

三月二八日に単冠湾で「香港丸」と交代、函館に戻り補給をすまして再度択捉海峡に戻り、哨区に復帰したが、四月一三日に第二艦隊分遣隊は急遽朝鮮海峡方面に呼び戻され、増派される予定だった仮装巡洋艦「佐渡丸」、「備後丸」も一緒に引き上げてしまった。このため残った「日本丸」と「香港丸」が替わって津軽海峡の哨戒に当たることになった。函館には海防艦の「武蔵」等の基地防御用の弱小艦艇しか残っていなかったから、ロシア艦隊が突破するのは容易であった。幸い、司令部から五月二四／二五日頃、ロシア艦隊が現れる可能性ありとの通知があったが二七日に対馬に来航したため、津軽海峡は平穏であった。「日本丸」と「香港丸」は哨戒を続けて日露戦争のクライマックスともいうべき日本海海戦に立ち会うことなく、六月まで哨戒任務を続けていた。

掃海支援、輸送に当たった「台南丸」「揚武」

遡って、「台南丸」と「揚武」の行動について調べてみよう。この二隻は「日本丸」、「香港丸」と違って、小型で、特に「揚武」は老朽化しており速力も劣っていたので、役割は雑用が多かったのも致し方なかった。「揚武」は黄海の前進基地に進出基地の擬似水雷の設置や、陸軍輸送船団の護送等に従事した後、四月二九日に臨時に第三艦隊に編入、「台南丸」とともに特務隊の第三小隊を編成していた。ちなみに第二小隊は「香港丸」と「日本丸」であった。

五月初めの第二軍の塩大澳の上陸作戦では、「台南丸」とともに輸送船団の護衛任務にあたり、泊地の防御作業を支援した。この後は近くの裏長山列島を根拠地として他艦船への弾薬補給や哨戒任務に当たっていたが、六月に入って陸軍の占領した大連湾の掃海作業を支援するために、掃海具や関連資材、さらに掃海用の端舟や人員の輸

「台南丸」

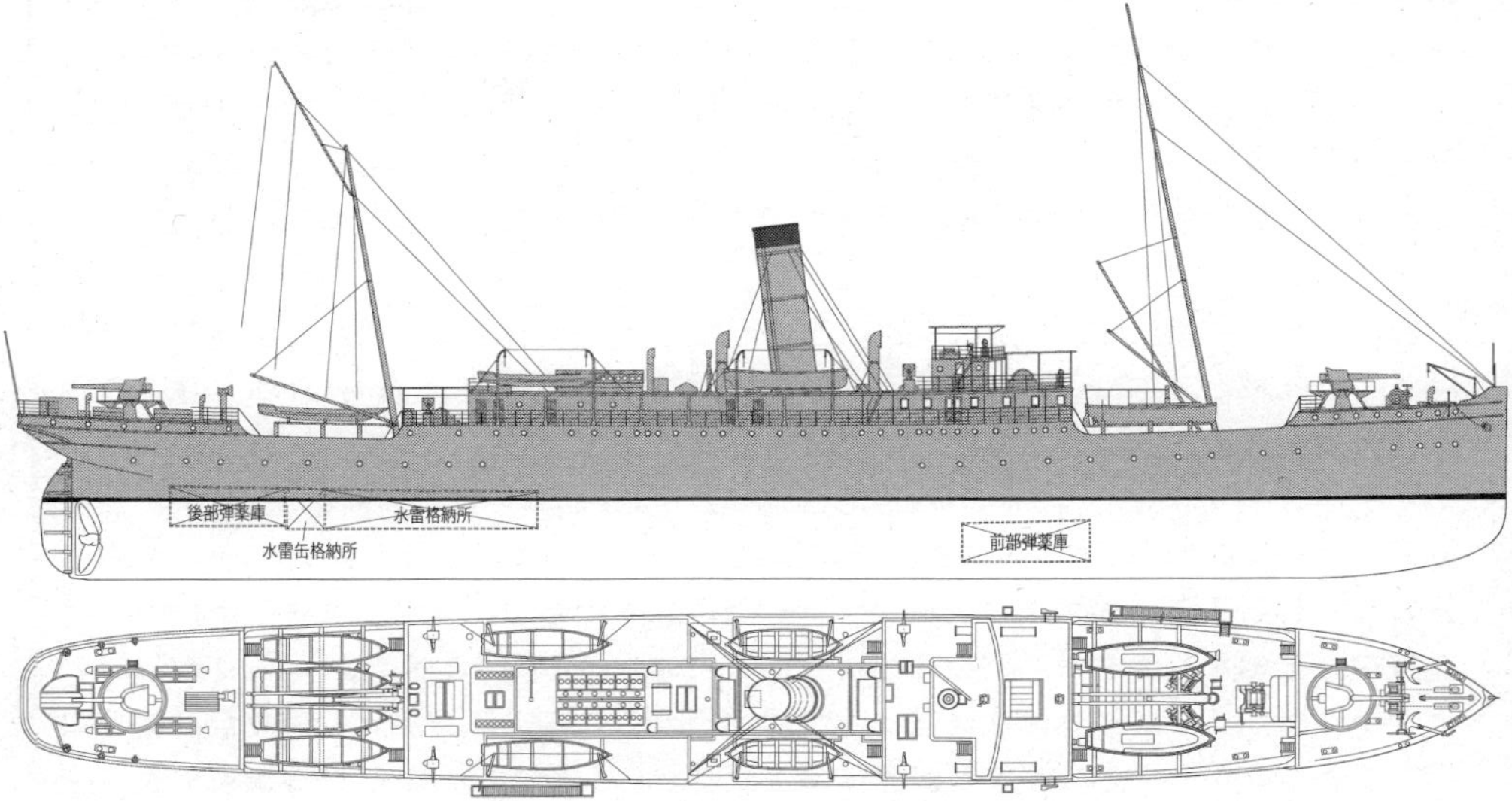

送任務に従事することになった。この時期、遼東半島は旅順を残してほぼ日本側に制圧されていたが、大連湾口にはロシア側の敷設した機雷が数多く残っていた。

この後、こうした機雷が戦役を通じて遼東半島の南側海面を中心に、黄海全体に浮遊する事態が生じ、極めて危険な状態にあった。事実、日露戦争で旅順陥落までの両国艦隊の水上戦闘において水雷艇、駆逐艦以外の日本軍艦で喪失した例はなく、「初瀬」、「八島」をはじめとする喪失艦の大半は触雷によるものであった。もちろん、日露戦争時には日本海軍には専門の掃海艇はまだなく、当時の港湾の掃海は艦載水雷艇や小汽艇、またはこれらで曳航する作業艇から掃海索を下ろして機雷の繋留索を切断して、浮上した機雷を銃撃処分するもので、別に二隻で掃海索を曳航する方式も考えられていた。

「揚武」のような仮装巡洋艦では一定の哨区を長期に巡航することが多いため、そうした浮遊機雷を海面に発見することが多く、その都度処分していることは、その戦時日誌に記載されており、それも日常茶飯事であったことが知られている。

こうしたことで「揚武」は以後しばらく大連湾付近で掃海部隊の護衛、支援任務さらに海軍重砲隊への弾薬供給等を続けていたが、八月はじめから旅順沖、円島付近に待機中の「三笠」との間の定期

日本陸軍第２軍が上陸した塩大澳に集結した艦船

旅順で接収したロシア軍の機雷

連絡任務を命じられ、この任務中、八月一〇日に黄海海戦を遠くに目撃する機会があった。海戦後の「三笠」に補給用の弾薬を運搬する任務も追加されていたが、九月に入って「揚武」艦内で腸チブス患者が発生する。九月一六日には二二名が病院船の「神戸丸」に入院している。

しかし、大規模な消毒にもかかわらずその後も患者が減らず、九月二六日に佐世保に戻り患者を入院させるとともに、徹底した消毒を行なった。一〇月一七日に佐世保を出航したが、途中機関停止故障のため佐世保に戻り修理を行なう。

修理を終えて前進根拠地に戻った「揚武」は、芝罘、太沽方面から営口方面に対する支那ジャンクによる密輸を監視、阻止するために、「済遠」、「第五、六仮装砲艦」等とともに、新任務に着くことになった。この任務に際して「揚武」に無線機が装備されている。このために「揚武」は第七戦隊の指揮下に入った。一一月三〇日に「済遠」が触雷沈没し、「揚武」も生存者の捜索に当たったが、発見できなかった。翌年一月五日から「揚武」は「台南丸」と三日ごとに交代で任務を続けることが命じられるが、しかし一月一八日に警羅任務を解かれ佐世保への帰投を命じられる。

「揚武」は呉に回航して船体、機関の検査を受けたが、全般的に老朽化が進んでおり、特に汽罐の老朽化が激しく、八ノット以上の速力発揮は無理とされ、修理の価値なきものと判定された。これを受けて、「揚武」を仮装巡洋艦から外し、復旧工事を行なって傭船を解除しようとしたが、ここで中央から仮装巡洋艦以外で使用するなら、三～四ヵ月は使用可能な程度に修理して、元山防備隊の本部として使用すべしとの指令があり、復旧工事を中止せよといわれたが、既に無電機等は取り外されていた。二月二八日をもって「揚武」は正式に仮装巡洋艦から除かれて、元山防備隊の指揮下に入

明治 33 年 2 月 22 日、射撃試験時における戦艦「八島」

敷島型戦艦「初瀬」。1904 年 5 月 15 日、機雷により沈没した

り、人員、兵器、資材を搭載し修理完了次第佐世保への回航を命じられた。三月六日に佐世保に入った「揚武」は当面佐世保港務部の管理下に置かれることになった。この後、「揚武」は元山に進出し五月末までに司令部を陸上に移設完了することになったため、再度の復旧工事を行なって船主に返還するために六月二九日に工事を終えて韓国に向かった。海軍の正式の解雇日時は明治三八年七月一日になっているが、実際はこれでは収まらなかった。というのも、日韓併合を控えたこの時期、韓国は返還された揚武を海軍兵員養成目的で使用したかったらしいが、韓国政府の日本人顧問が反対したために「揚武」は三井物

産が間に入って武装解除して、再度商船として使用されることになった。「揚武」の武装解除は九月に佐世保で行なわれ撤去した砲は佐世保で保管されることになった。その後、明治四二年に原田商行が購入して日本船となり、船名も「勝立丸」に戻されたが、大正二年に八馬商店に転売され、同五年に海難事故で失われて、その数奇な船歴を終えた。

一方、「台南丸」については、就役後「揚武」と同様各前進根拠地の防備施設の構築に従事した後、五月初めには第二軍の上陸の支援にあたり、その後は大連湾の防備に従事、海軍重砲隊への補給も行なっていた。この前四月初めには探照灯二基の新設工事も行なっていた。五月一六日の「初瀬」、「八島」の遭難に際しては、現場に出動、負傷者をふくむ二六八名を救助して、病院船に移送した。以後、大連湾方面で戦時艦隊集合地での港務部という、「台中丸」と同様の業務の補助的役割を担当していた。一二月に入って旅順陥落が見えてくると、新たな任務として旅順口沖の浮流機雷の捜索、処分のほか密輸船の監視を命じられる。これは「揚武」と一緒の任務だった。翌年二月四日、「台南丸」は呉に帰還することを命じられる。

仮装巡洋艦の増強

これより先、開戦前に仮装巡洋艦に予定され一旦傭船契約が決まったものの、解傭された「亜米利加丸」と「八幡丸」が一二月と翌年一月に再雇用されて、再度仮装巡洋艦に編入されることが決まった。この二隻の艤装はこれまでの仮装巡洋艦と異なって、砲熕兵器はロシア側の戦利品が流用されることになり、仁川で引き揚げたロシア巡洋艦「ワリヤーグ」搭載の露式四五口径一五センチ砲を艦首尾に二門ずつが装備された。

「亜米利加丸」では小口径砲も露式の五〇口径七・五センチ砲四門と露式四七ミリ速射砲二門が装備されたが、「八幡丸」では、これら小口径砲に不備があったとされて従来艦と同じ安式八センチ砲と保式四七ミリ砲を装備していた。また艦隊への補給用弾薬の搭載は不要とされ、弾薬庫は自艦用だけの小型なものとなっていた。

また、探照灯、測距儀、無電機の装備も行なわれた。「亜米利加丸」は横須賀、「八幡丸」は呉で艤装工事を実施、二月半ばにそれぞれ工事を終えて艦隊に編入された。

当時、一月一二日に小倉鋲一郎海軍少将を司令官として特務艦隊が編成され、佐世保にあった「台中丸」を旗艦として各種特設艦船を集約して、連合艦隊に付属することなった。

この時点で、仮装巡洋艦部隊は第一小隊に「台中丸」、「台南丸」、「八幡丸」、「揚武」、第二小隊に「香港丸」、「日本丸」、「亜米利加丸」の七隻が属していた。「揚武」はこの直後に仮装巡洋艦から除かれたが、この後、三月に入ってさらに「備後丸」、「佐渡丸」、「信濃丸」等の日本郵船の外航用の大型客貨船の傭船が行なわれ、また開戦直後に長崎で捕獲されたロシア船「マンジュリア」は海軍で雑用に使用していたが、三月になって「満州丸」として正式に仮装巡洋艦に艤装されることになった。

仮装巡洋艦「八幡丸」。同艦は呉で艤装工事後、艦隊編入された

この時期、こうした仮装巡洋艦の増強は、いうまでもなく、来航が予期されたロシア第二太平洋艦隊を迎撃するために必要な兵力として編入されたもので、来航ルート

明治38年7月、函館船渠に入渠中の「八幡丸」

を察知していち早く迎撃体制をとるために、広い海域を哨戒する艦船は一隻でも多く欲しかった。

ロシア艦隊偵察とウラジオ沖機雷敷設

二月二七日に就役直後の「亜米利加丸」と「八幡丸」は出羽第三戦隊司令官の率いる「笠置」、「千歳」とともに支那海南部沿岸地帯の偵察任務のため佐世保を出航、この南遣支隊は香港沖から海南島方面を経て仏印沿岸沿いに南下、三月八日にヴァン・フォン湾に達し、分派された「亜米利加丸」がカムラン湾を偵察、その後随伴した「彦山丸」から炭水の補給を受けた後に、シンガポールに向かい、総督を表敬訪問した後、ボルネオ西岸を北上、一八日ラブアン島

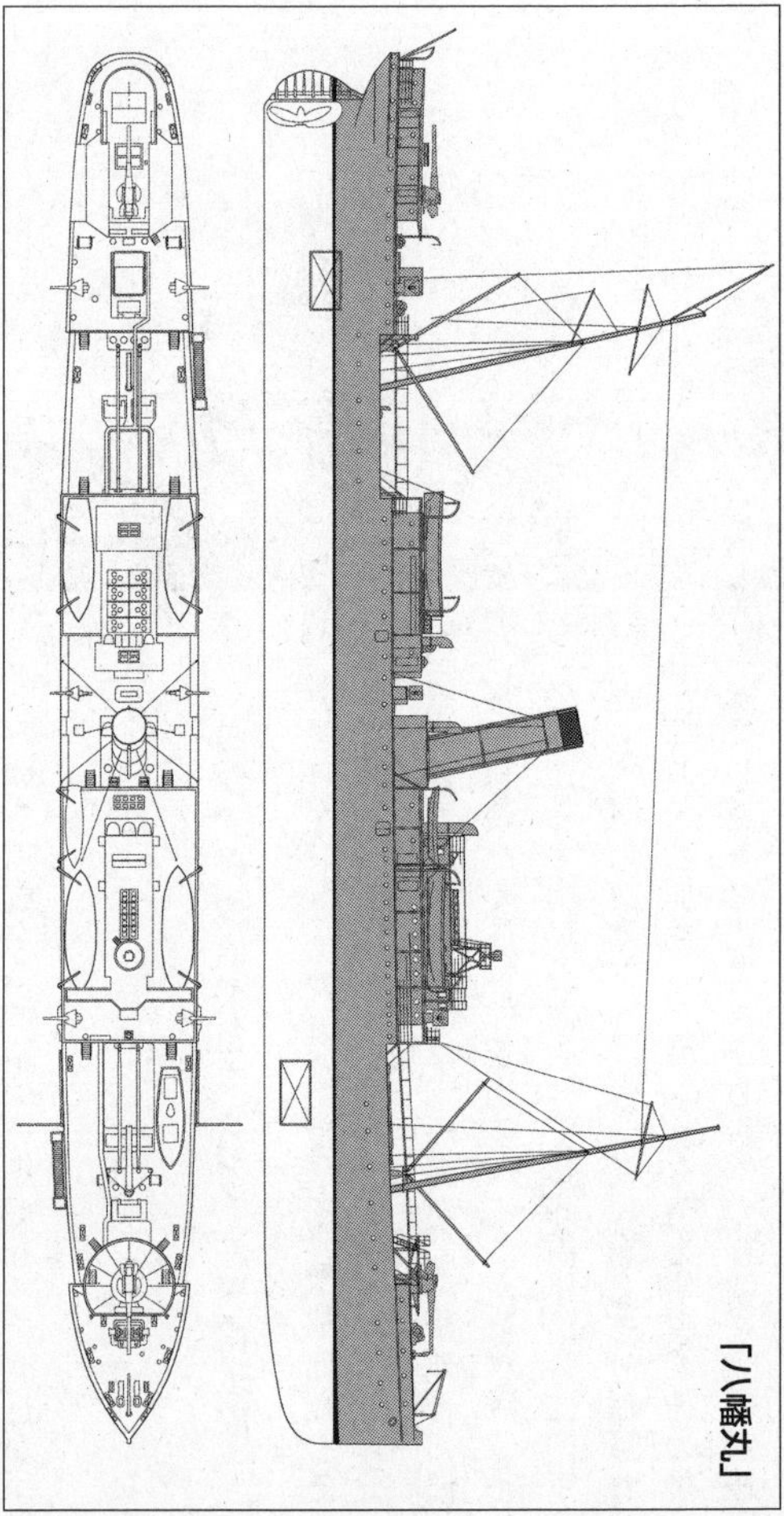

「八幡丸」

ヴィクトリアに入港、以後馬公を経て四月一日鎮海湾に帰投、各原隊に復帰した。これは年明けから三回目の南方偵察で、この時期海軍中央は必要以上にロシア艦隊の動向に神経質になっていたことがわかる。

明治三八年、年明け前後に旅順陥落により黄海方面で旅順封鎖に従事していた連合艦隊の主要艦船は、続々と内地に帰還して各工廠または民間造船所を動員して、一斉に修理、整備工事にとりかかった。

言うまでもなく、来航するロシア第二艦隊を迎え撃つために、船体、機関、兵装を万全の状態にしておく必要があったからである。

前述のように、「台南丸」が二月はじめに呼び戻されると黄海方面には一隻の仮装巡洋艦もいなくなった。港務業務専門だった「台中丸」も一月半ば過ぎに佐世保に帰還して、新設された特務艦隊旗艦任務にあたるために、三月初めまで改装工事に入っていた。

最後に帰還した「台南丸」は呉工廠で機雷敷設用装置を新設することになり、二月一〇日に着手して三月一四日に完成した。その他、無電機や測距儀の装備も行なわれ、釣床の改良や兵員室へのスチーム暖房施設等も行なわれた。

当時の機雷敷設用装置は天井に設置した運搬用軌条に機雷を吊り下げて、艦の後部から両舷に斜めに突き出た軌条端から海中に落下させる、比較的簡単な機構で、機雷の運搬移動は人力によるものであった。
「台南丸」の場合は、中央部船楼の上甲板両舷通路の天井部に二条の軌条を設置し、後部の荷役甲板部まで接続して軌条間隔を広げて舷外に突き出すことで、片舷二条の投下を行なえる仕組みであった。日露戦争時、日本海軍には正規の機雷敷設艦はまだなく、戦争中に巡洋艦の「高千穂」と「和泉」の艦尾に臨時にこうした機雷投下装置を設けたが、実際の機雷敷設作戦は特設艦船で唯一、水雷沈置船として改装された「旅順丸」をはじめ、水雷母艦と仮装砲艦の何隻かがこうした装置を装備して行なっていた。

この時期、日本海軍はこうした通常機雷の他に、連係機雷と称する機密兵器を準備していた。これは浮遊機雷八個を一〇〇メートル間隔で連結して、敵艦の前方に航路を横切る形で投下すると、この長さ七〇〇メートルの機雷索に敵艦が艦首を引っ掛け、機雷が敵艦に引き寄せられて爆破するという兵器であった。この機雷はある設定時間後に発火装置を無効にすることで、味方への危険性をなくしていた。この連係機雷は実際に、日本海海戦の駆逐艦、水雷艇の夜襲に際して、一部の艦艇が搭載して実際に投下しているが、明確な戦果は知られていない。

特設艦船の一部もこの連係機雷敷設専用に改造されており、敵が津軽海峡に来た場合この機雷を投下することも検討されていた。

「台南丸」の工事は三月一四日に完成、佐世保に向かって一部工事を継続してから機雷一二〇個を搭載して二八日に鎮海に着いている。これは、第二艦隊が指揮してウラジオストック沖に大規模に機雷を敷設して、ロシア艦隊来航前にウラジオ艦隊の出動を阻止することを意図したもので、「台南丸」以外に「旅順丸」以下六隻の特設艦船を集結していた。

作戦は四月一三日に第二艦隊の装甲巡洋艦の一部の護衛の下に七隻の敷設船が鎮海を出撃した。目的の海面には一五日に到着、合計六〇〇個を超える機雷を無事に投下して、一八日に鎮海に帰投した。

ロシア艦隊を発見した「信濃丸」

「台南丸」の機雷敷設作戦の終わった頃、新たな仮装巡洋艦「備後丸」「佐渡丸」「信濃丸」「満州丸」の四隻がすでに就役していた。「満州丸」を除く三隻の艤装工事は呉工廠で三月はじめから月末までかけて完成した。砲熕兵装は一部簡略化され、安式一

信濃丸

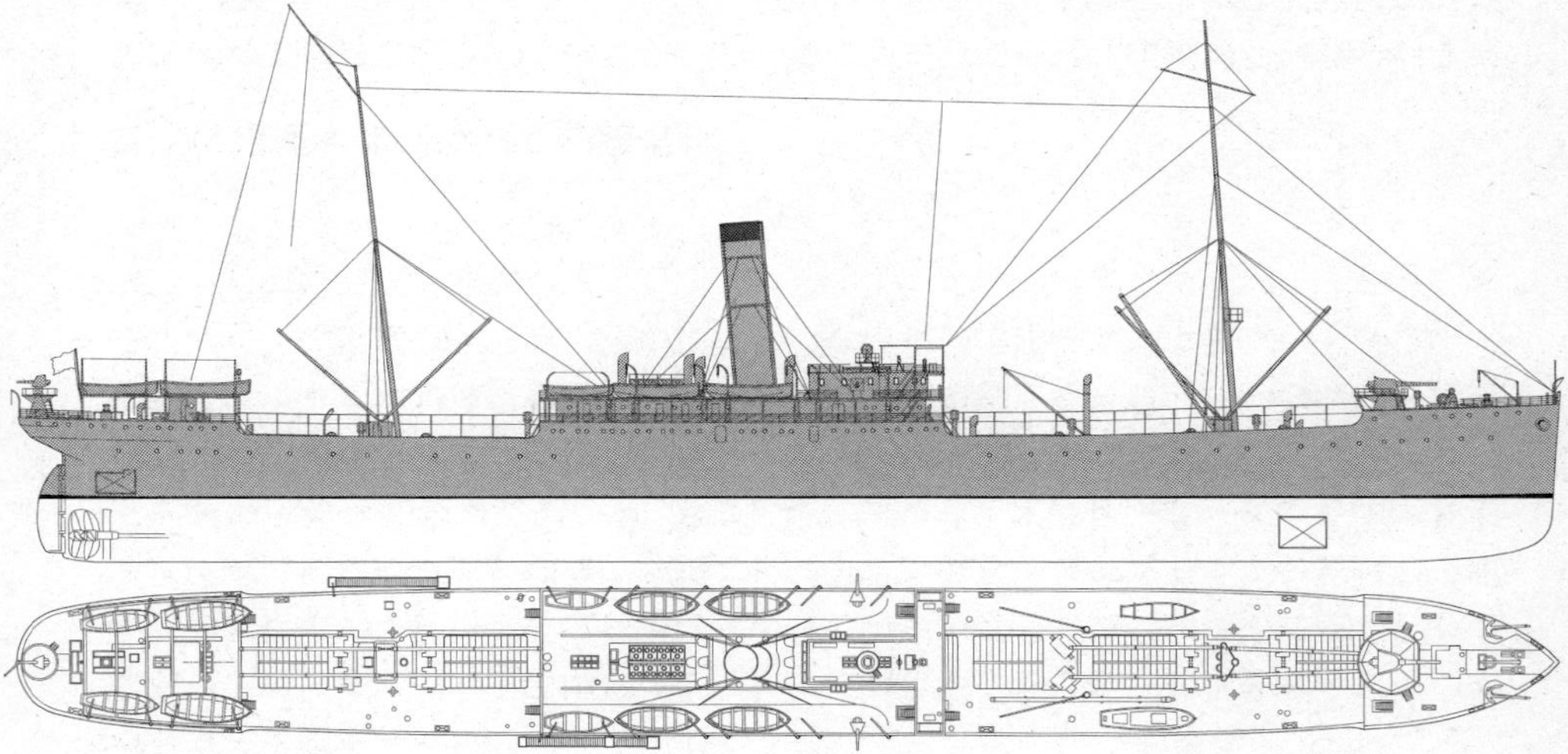

佐渡丸

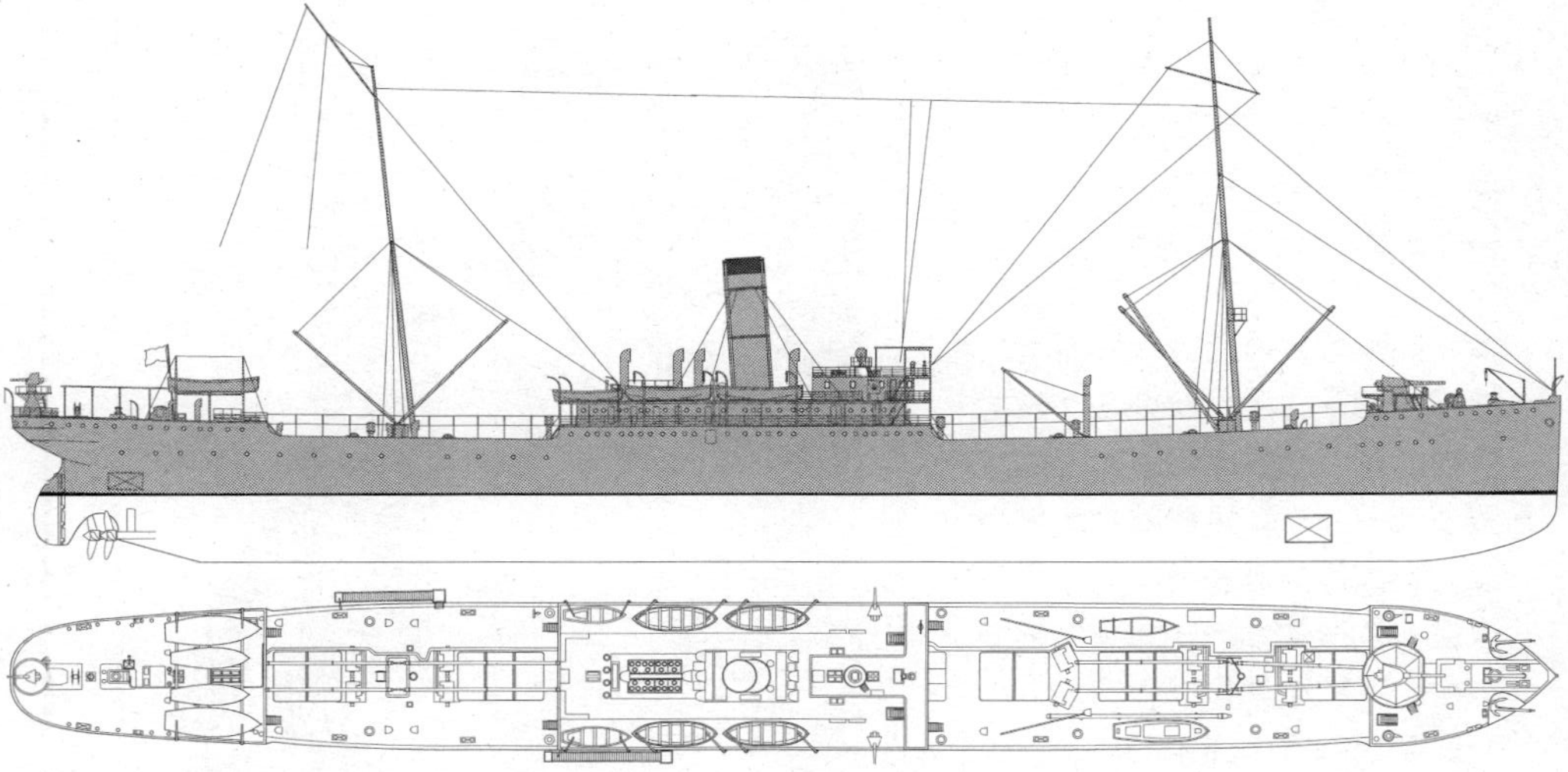

日露戦争中の「満州丸」(写真中央)。写真は仮装巡洋艦の前の姿である

五センチ砲を艦首に、他は安式八センチ砲三門を艦尾と艦橋両側に装備したほか、探照灯、測距儀、無電機も装備され、端舟については本来の救命艇の一部を卸して海軍式カッターと小蒸汽艇、伝馬船を搭載している。他艦への弾薬補給は不要とされ、これに応じた弾薬庫が新設された。

この三隻の中で「佐渡丸」は前年六月一五日、陸軍の輸送船として陸兵約一〇〇〇名を搭載して塩大澳に向かうため馬関海峡付近を航行中、出動したロシア、ウラジオ艦隊の装甲巡洋艦

日露戦争後の「信濃丸」。同艦は戦艦「シソイウエリキー」の乗員救助等、多くの任務を遂行した

三隻に遭遇、このうちの「リューリック」の砲撃を受け、やむなく停船して「リューリック」からの船を退去しろとの要求で、退去にてまどっていたうちに、旗艦から処分しろとの命令で「リューリック」は接近して魚雷二本を発射して立ち去った。幸い「佐渡丸」は沈没を免れ、救援の船に曳航されて何とか長崎にたどりつき、修理されて事なきを得た経歴を持っていた。

「佐渡丸」は就役後しばらく対馬方面にあったが、急遽、津軽海峡方面への派遣を命じられるが、直後に呼び戻されて再び、対馬海峡の哨戒任務につく事になる。

五月になると、特務艦隊の仮装巡洋艦「亜米利加丸」「佐渡丸」「信濃丸」「八幡丸」「満州丸」の五隻が済州島と五島列島間の第六警戒線と第四警戒線の間の四ヵ所の哨区に一隻ずつ配置され、一隻を交代用に用意して、各哨区に常に一隻があるように交互に交代を繰り返すローテーションを組んで哨戒任務についていた。この時期、「備後丸」は単独で馬公方面に派遣されて偵察、警戒任務についており、「香港丸」と「日本丸」は前述のように津軽海峡方面で警備任務についていた。機雷敷設を終えた「台南丸」は佐世保で舵の修理を行ない、機雷を搭載して竹敷で待機しており、「台中丸」は佐世保で旗艦任務についていた。

明治三八年五月二七日、午前二時四五分、第二哨区で哨戒中の「信濃丸」が、左舷に東航する一汽船を発見、よく観察するためその汽船の後方を周り、左舷側に出てよく観察するに無武装の病院船と推定、臨検準備中に、艦首より左舷の一五〇〇メートルの近距離に十数隻の艦船を発見し、自身が敵艦隊の隊列内にあることをさとって、直ちに反転離脱をはかった。この時、午前四時四五分、敵艦隊発見の第一報が発せられたのである。

この時「信濃丸」はしばらく敵艦隊を追尾して、敵の進路が対馬海峡東水道方向である事を報じたが、以後は別の方向に煤煙を認めてこれに向かった。「信濃丸」の第一報を受けた近くの哨区にあった「和泉」が、以後敵艦隊の追尾を続けて、連合艦隊主力が会敵するまで刻々敵艦隊の動向を報じて、その任務をまっとうした。以後の日本海海戦の経過についてはここでは触れない。この時、隣の哨区の「満州丸」の交代艦「八幡丸」が哨区に向かいつつあり、竹敷の「台南丸」も出動したが、直接の戦闘には加わっていない。

樺太占領作戦

海戦翌日の二八日になって、「信濃丸」は「台南丸」、「八幡丸」をともなって戦場を巡航中、前夜の戦闘で沈没寸前の戦艦「シソイウエリキー」を発見、同行していた巡洋艦と駆逐艦は離脱したが、「信濃丸」は同艦を捕獲、曳航しようとしたが沈没は免れず、乗員を救助して佐世保に向かった。また「佐渡丸」は二七日に病院船「アリヨール」を捕獲して三浦湾に送付した後、二八日に同湾を出て、連合艦隊主力に合同すべく航行中、装甲巡洋艦「アドミラル・ナヒーモフ」を発見、同艦は沈没に瀕しており、捕獲せんとしたが沈没はさけられなかったため、乗員を救助しようとしたものの、さらに北北西に大艦を認め、これに向かうと、これは装甲巡洋艦「ウラジミール・モノマーフ」で、接近して砲撃を加えたが、同艦は前夜の被雷で沈没しつつあり、捕獲を断念して折から来航した「満州丸」とともに、両艦の乗員を救助して佐世保に

樺太攻略作戦

向かった。

「亜米利加丸」は海戦後の二九日、一部の艦船とともに敗敵の逃亡艦を捜索のため、佐世保を出航後、上海沖を捜索し、台湾の基隆に入港、六月二日に出航、四日に尾崎湾に帰投した。

この日本海海戦の翌月になって、「備後丸」「佐渡丸」「信濃丸」の三隻は早くも解傭されることになった。これは日本海海戦に完勝したことで、海軍についてはほぼ日露戦争での決着がついたことから、傭船による出費を幾らかでも減らしておきたいということらしかった。

三隻は六月二五日前後に正式に解傭されて船主に引き渡され、その前に乗員の入れ替えや仮装巡洋艦としての装備や艤装を撤去して、原型に戻す復旧工事が行なわれたが、砲座補強材等そのままとするようにとの指示があった。これは将来の再度の傭船を考慮したためか、これら三隻が直後の樺太攻略作戦で陸軍の傭船として兵員の輸送用に用いられたことに

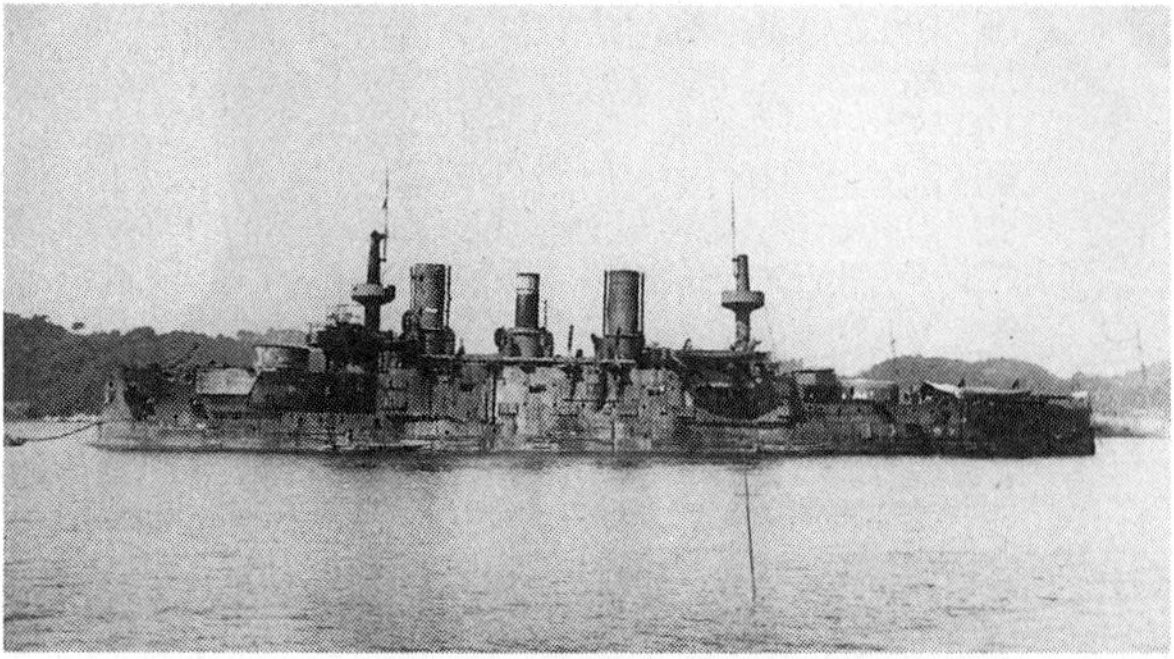

ロシア戦艦「ペレスウエート」を鹵獲後の日本海軍戦艦「相模」

関係したかもしれない。三隻に次いで「亜米利加丸」も七月になって解傭が決まった。本船は七月一二日に任務中に「万国丸」と衝突して艦首を損傷、呉工廠で修理、入渠中に解傭を通告して、復旧工事も同時に行なわれて、八月二五日に工事を終え、二九日に正式に解傭が通告された。

残った仮装巡洋艦は六月末より開始された樺太占領作戦に加えられ、これには「台南丸」「八幡丸」「満州丸」「香港丸」の四隻が参加した。「台南丸」と「満州丸」はその居住性から艦隊司令官の旗艦に起用された期間も多く、その他、上陸輸送船団の直接護衛、上陸地点の事前掃海作業の支援、各海峡の哨戒任務等にかりだされた。

七月二二日までに南樺太の占領はほぼ完了し、さらに七月末に樺太駐留のロシア軍が降伏して樺太全島の占領が完了した。この作戦では陸軍がわずかの死傷者を生じたのみで、作戦は終始順調に推移した。この方面にはロシア海軍の艦船兵力は存在せず、ウラジオ艦隊の残存艦も全く動かなかったので、海上での戦闘はまったくなく、機雷に対しては用心していたものの被害はなかった。ただ、「八幡丸」が七月一三日にコルサコフから函館に向かう途中、江差沖で座礁事故を起こし、二日後に離礁して函館で入渠して修理を行なった。この間、「日本丸」は八月にはロシア戦艦「ペレスウエート」の内地への護送任務に従事していた。

最後の仮装巡洋艦「姉川丸」は九月五日に工事を終えたが、本船は旅順で沈座状態にあったものを引き上げて仮装巡洋艦に仕立てたものである。本来病院船として使用されていたので損傷も軽かったので工期も短くて済んだらしい。もともとロシア義勇艦隊の仮装巡洋艦なので、性能的には問題なく、この時期の日本仮装巡洋艦としては最も図体も大きく、兵装も強力であった。ただ、この時期の就役では戦局に寄与することは全くなかった。本船は九月末に諸整備を終えて就役したが、最初の仕事は、江田島に向かって兵学校生徒、職員、傭人等六三〇人を乗船させて、横浜沖に向かい、凱旋観艦式に参列することであった。

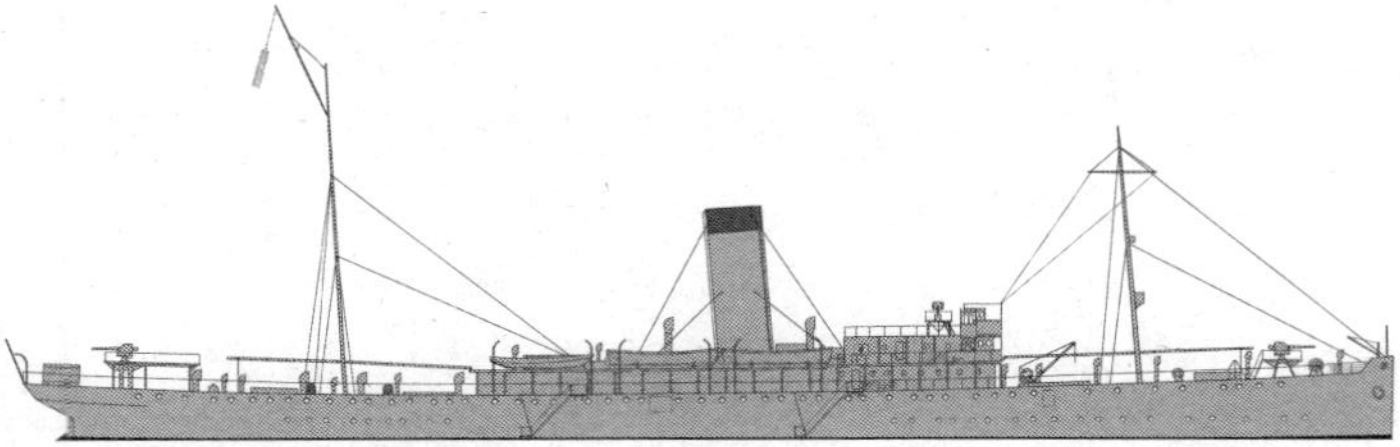
満州丸

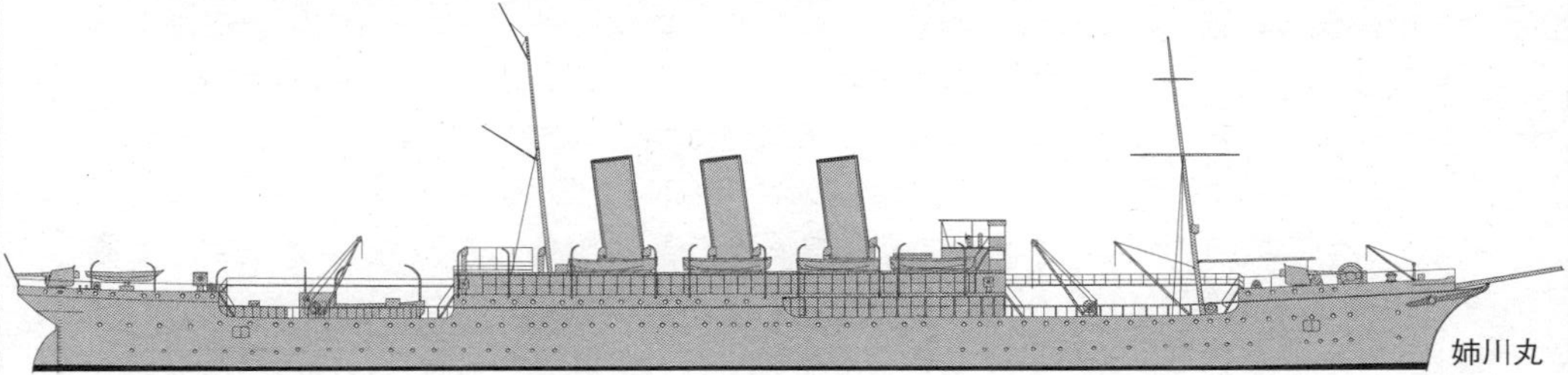
姉川丸

凱旋観艦式に参加

凱旋観艦式は、日本海軍にあっては日露戦争をしめくくる最大のセレモニーで、明治三八年一〇月二三日に横浜沖で実施された。この観艦式には当時就役中の仮装巡洋艦の全部が参列していた。先の「姉川丸」以下「日本丸」「香港丸」「八幡丸」「台南丸」「台中丸」の六隻は受閲艦列に停泊して、「満州丸」は供奉艦として観閲艦列に加わっていた。この観艦式を最後に特設艦船の多くは解傭されてその役目を終えて、船主に戻されることになった。「日本丸」と「香港丸」は一二月二一～二三日に、「台南丸」と「台中丸」は一二月二一～二三日、最後の「八幡丸」は翌年二月四日に解傭された。「満州丸」と「姉川丸」は捕獲船であったので、通報艦として正式に海軍艦船として編入された。こうした仮装巡洋艦の他に、「関東丸」は工作兼仮装巡洋艦として明治三八年一月まで使用されており、「京城丸」「平壌丸」の二隻も仮装巡洋艦として傭船されたが、艤装工事後に仮装砲艦に改めて就役している。また作戦中に臨時に仮装巡洋艦になった水雷母艦「熊野丸」のような例もある。こうした日露戦争期の仮装巡洋艦及び特設艦船については現在アジア歴史資料センターの公開しているインターネット上の資料の中に、多くが収録されており、研究者にとっては、後の太平洋戦争時の特設艦船資料の比ではない、詳細かつ網羅的な資料の利用が可能である。

日露戦争時の仮装巡洋艦で代表的な東洋汽船の三姉妹船「日本丸」「香港丸」「亜米利加丸」のその後は、「日本丸」は一九一九年にチリに売却、「亜米利加丸」と「香港丸」は一九一一年に大阪商船に売却され、台湾航路に就役していたが、「香港丸」は一九三四年に解体、「亜米利加丸」は太平洋戦争まで生き残り、開戦後陸軍の病院船として徴用された。一九四四年一月に陸軍病院船から海軍に再徴用されて使用されていたが、一九四四年三月に南硫黄島南東海域で米潜水艦により撃沈されている。

戦後、大阪商船、台湾航路に再就役した「台南丸」と「台中丸」の二姉妹船は太平洋戦争まで生き残り、前者は一九四四年六月、後者は同年四月にいずれも米潜水艦により撃沈されている。

日本郵船の「佐渡丸」「備後丸」「信濃丸」の三船については、「佐渡丸」と「備後丸」はともに一九三四年と一九三一年に解体されていたが、「信濃丸」のみは以後数奇な船歴を経て、太平洋戦争を生き残り、昭和二六年に解体されている。また「八幡丸」も一九三四年に解体されている。

ロシア義勇艦隊の存在

義勇艦隊とは、いかにも時代がかった言葉で現代ではもはや死語に近いが、これまで述べてきた日清、日露戦争の時代には、立派に通用した言葉であった。義勇艦隊の語源は日本ではなく、欧米においてボランティア・フリートの名の下に出現したものといわれている。

古くから帆船時代の欧米においては、戦争状態にある相手国の商船を自国の私有商船が特別に委任状をもらって、洋上で襲って積荷を奪う私掠船が数多く出現したが、こうした私掠船の行為を禁止する機運が高まり、一八五六年のパリ条約により国際的に私掠船は禁止されることになった。

しかし、その後に勃発した戦争においては劣勢海軍国において、海軍兵力を補う意味で民間で有志が集って、募金を募って集めた金で外国から有力商船を購入して、平時は商業活動に用いて、有事には自国海軍の補助巡洋艦等の兵力として加える、いわゆる義勇艦隊が出現するところとなった。その嚆矢は一八七七年のロシア・トルコ戦争時にロシアで出現したと言われている。

この時、海軍力で劣勢だったロシアでは有志が集まって協会を設立、大々的に募金活動をおこなって、大金を集め、外国から有力商船三隻を購入したが、実際に活動する前に戦争は終わってしまった。これがロシア義勇艦隊発祥の最初といわれている。ロシアはその後、海軍力を復活して、日露戦争時には世界三～四位の海軍国になっていたが、ロシア義勇艦隊はその後も活動を継続して、所有する商船は一〇隻以上を数えていた。これらの商船は四社ほどのロシア国内の海運会社に委託して商船として活動しているが、有事には武装を施し、海軍軍人が配員されて、仮装巡洋艦として活動できる性能を備えた有力船であった。もちろん、こうした活動には平時から海運会社に対する補助金政策や、武装や軍人配員には海軍が全面的にバックアップしていたことはいうまでもない。

こうしたロシア海運会社の一つに極東方面で活動していた東清鉄道会社があり、日露開戦後に長崎で接収された同社のマンチュリアはこの義勇艦隊所有の船であったという。同船は日本側に戦利船として押収され、満州と改名して直ちに海軍で使用され、戦争末期には海軍の特設艦船として、実際に仮装巡洋艦に編入されていた。

もっとも、日露戦争中にロシア義勇艦隊が日本海軍相手に実際に活動したことがあるのかどうかは明らかではないが、実際の活動が報じられることはなかった。ただ、装甲巡洋艦三隻からなるウラジオ艦隊が、あれだけの活動で日本側が右往左往してその対策に苦慮した実績を考えると、このロシア義勇艦隊の三隻ほどがウラジオを基地として、日本沿岸の通商破壊を実施したらその効果は絶大ではなかったのかと考えてしまう。

このように日露戦争時代、義勇艦隊はロシアがもっとも有名であったが、その名声が日本において義勇艦隊出現の端緒となったといってもいいであろう。

日本にも義勇艦隊を

日本では明治三八年に入って、旅順は陥落したものの来航が報じられていたロシア第二太平洋艦隊は日本海軍にとっては強敵と恐れられていた。そうした気運を捉えて日本においても義勇艦隊保有の声が持ち上がったのである。音頭をとったのは帝国海事協会という団体で、今も存続する日本海事協会のことである。現在の日本海事協会は国際船級の認定登録業務を主としたこの業界では有名な財団法人組織で、義勇艦隊とは縁もゆかりもないという感じだが、明治三二年一一月発足当時は、海事全般の発達育成事業を対象とした団体で、総裁に皇族を迎えて、理事長は海軍中将男爵有地品之允であった。

全速公試中の「さくら丸」

明治三七年一〇月に協会は義勇艦隊建設要綱を発表して、募金活動を開始、目標金額を一五〇〇万円として、募金会員を募り、最低一人一・五円の金額を定めていた。
募金活動は各都道府県の知事を委員長に地方でも一斉に行なわれ、婦人部も設けられて募金に尽力し、さらには皇族方の協力もあって順調に推移し、明治四三年までに四一五万円が集まったという。日露戦争時の日本海軍の仮装巡洋艦としてもっとも優れていたのは東洋汽船の「日本丸」「香港丸」「亜米利加丸」のトリオだったが、これらの船は英国で建造されたものの、購入費は一隻一二〇万円ほどだったから、この程度の船なら三隻つくってもお釣りが来るほどの金額だった。
そのため、募金途中の明治四一年に最初の一

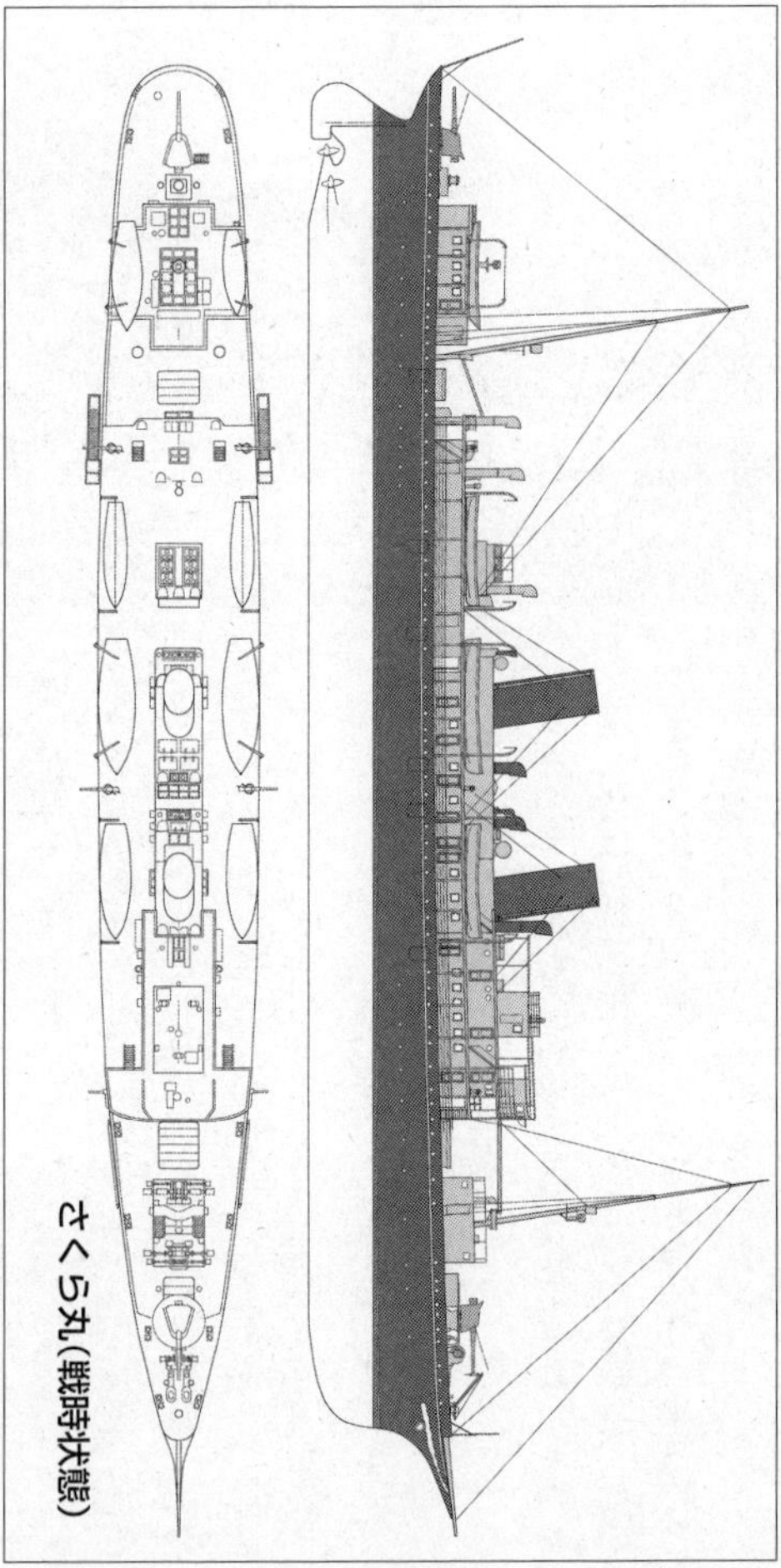

さくら丸（戦時状態）

船名	さくら丸	うめが香丸	さかき丸
船種	鋼製客船	同左	同左
総トン数(T)	3204	3272	3876
排水量(T)			4844
載貨重量(T)	4920		
長さ(垂線間長)(m)	102.1	102.7	109.12
幅(m)	13.11	12.86	14.63
深さ(m)	7.24	7.71	7.92
満載吃水(m)	5.18		5.64
主機/数	パーソンタービン/3	同左	カーチスタービン/2
軸数	3	同左	2
缶	宮原式6	水管式4	片面式8
最大速力(ノット)	21.19	21.51	19.14
軸馬力	8535	8861	12248
建造所	三菱長崎造船所	同左	神戸川崎造船所
竣工年月	1908	1909	1913
船主	帝国海事協会	同左	同左
旅客定員	1等83/2等32/3等150	同左	1等63/2等20/3等168

隻「さくら丸」が三菱長崎造船所に発注された。

「さくら丸」はクリッパー型船首をもつ、二檣、二本煙突、檣と煙突は後方に傾斜した当時のヨット型客船に似た軽快な船型を有する美しい外観の中型客船で、乗客は一等四七名、二等五三名、三等二六八名を定員として、就役後は大阪商船にチャーターされて台湾航路で使われる予定だった。機関は最初の国産パーソンズ・タービン三基三軸で公試では二一・二ノットを発揮した。

船首尾に一門ずつの安式四〇口径一五センチ砲をさらにボート・デッキに片舷三門の安式八センチ砲を装備する計画で、砲座と補強材は設置ずみであった。舵取機械、タービン機関は水線下に位置し、舷側も石炭庫により防御される構造となっていた。有事には前記武装の他搭載短艇の一部を海軍式に入れ替え、デリック・アームの一部を撤去、船内でも兵員居住区等、居住施設の変更を行なう予定で、弾薬庫は事前に設置済みで、探照灯も前後に装備ずみであった。大きさと速力からは当時の「利根」クラスの防護巡洋艦に準じた、補助巡洋艦として有用なはずであった。

しかし、就役後予定通り大阪商船の神戸〜基隆航路に投入されたが航海実績は振動がひどく、石炭の燃費も悪く、乗客からの評判もよくなかったことで、まもなく大阪商船もチャーターを辞退してしまった。

「うめが香丸」。大正元年に事故で沈没したものを引き揚げた状態

本船の缶は海軍式の宮原式水管缶だったが、計画通りの性能が発揮できなかったようであった。この後、鉄道院が門釜連絡船として一時使用したものの、長続きせず、大正初年から誕生地の長崎で長期に渡って係船されることになった。

第二船の「うめが香丸」も同じく長崎造船所で同型船として建造され、一年遅れて完成したものの、完成後の実績は同様にかんばしくなく、鉄道院がチャーターして青函連絡船として使用したが、やがて「さくら丸」とともに門釜連絡船に使われることになった。しかし本船は極めて薄命な運命にあった。

大正元年九月二二日に本船は釜山から帰港して停泊中、天候が悪化して、船尾の閉め忘れた舷窓からの浸水で徐々に横転沈没してしまった。後に浮揚引き上げられたものの、悪評がたたって修復される事なく解体されてしまった。

残った「さくら丸」は大正七年に白洋汽船に売却され、貨物船に改造されることになった。

改造ではタービン機関をレシプロ機関に入れ替え二軸に変わり、缶も半数が除かれた。

外観も上甲板上の客室は全て撤去され煙突は一本となり、船名も「五洋丸」と改名された。本船は大正一〇年に他会社に転売され昭和六年に海難事故で失われている。

第三船の「さかき丸」はこれら二船の実績を加味して平時における商業活動に十分対処できるように配慮して設計を行ない、要求仕様は有事下の速力が二一ノットを発揮できることなど最小限にとどめた。機関もカーチス・タービン、缶も片面式等の配慮がされたことで、完成後の評判も悪くなかった。

「さかき丸」(新造完成時)

本船は神戸の川崎造船所に発注され、大正二年に完成し、南満州鉄道会社にチャーターされ、大連~上海間の連絡船として用いられた。ただ公試では速力一九ノット強にとどまっていた。本船は大正三年の第一次大戦に際して海軍に徴用され、特設通報艦として用いられ、なんとか義勇艦隊の面目を保った唯一の船である。

第三章　大正から昭和初期

特設巡洋艦と呼称される

これまで仮装巡洋艦という名称を用いてきたが、実は大正五年一二月二三日の内令二八一により特設艦船部隊令が制定され、特設艦船は巡洋艦・水雷母艦・航空隊母艦・掃海隊母艦・砲艦・掃海艇・工作船・運送船・電線敷設艦・病院船・救難船の一一艦種に類別された。

すなわち、これまで仮装巡洋艦と呼称されてきたものは、これ以降は特設巡洋艦が正式な呼称となったのである。

旧帝国海軍に関するあらゆる条令、法令等の制度を海軍創設期から昭和一二年ごろまでの範囲で編纂した「海軍制度沿革」全一八巻は、戦前昭和一五年ごろに二〇〇部程度が印刷され、部内限定関係者に配布されたと言われる、部内限りの秘密文書である。海軍大臣官房が長期にわたって資料を収集編纂したもので、収録しきれなかった手書き原稿や、また追加巻用の原稿等が、防衛省の防衛研究所史料室に残されている。戦後、原書房により復刻版が発行され、またはマイクロ・フィルム化されて一般に公開はされているが、部数が少なく高価であり一般人が入手するのはなかなか困難であったが、現在は国会図書館のデジタル・コレクションで公開されているので、閲覧は自由にできる。

この海軍制度沿革の第一〇巻に〈定員〉という項目が収録されており、帝国海軍における各組織、各時代の定員表が記されている。

たとえば特定の艦は示されていないが、日露戦争時の仮装巡洋艦定員については、基準の一つとして、艦長―大・中佐、副長―少佐、航海長―少佐・大尉、分隊長―大尉二名、中・少尉三名、機関長―機関小監、機関科分隊長―大機関士三名、軍医長―大軍医、主計長―大主計の准士官以上一五名、下士官三一名、卒一二三名の合計一七三名の定員表がある。多分「亜米利加丸」級の定員と考えて間違いない。

大正一〇年の候補船リスト

この第一〇巻にはさらに大正一〇年六月一日付けの特設巡洋艦定員表として、具体的に船名をあげて、総トン数別のカテゴリーに分類した定員表が掲載されている。すなわちこれは当時の海軍当局が、具体的に有事に特設巡洋艦として徴用する船舶のリストと見做されるものである。これによると、

定員表一－「香取丸」「鹿島丸」「諏訪丸」「天洋丸」
定員表二－「さいべりや丸」「ありぞな丸」「伊予丸」
定員表三－「安洋丸」「亜米利加丸」「旅順丸」
定員表四－「鎌倉丸」「讃岐丸」

「香取丸」公試中

とある。

定員表一は総トン数で一万一〇〇〇トン以上の大型客船または貨客船で、従来の仮装巡洋艦の定番と言える船舶である。「天洋丸」は明治三八年に東洋汽船が当時のサ

「天洋丸」級３番船「春洋丸」公試中

ンフランシスコ航路に投入するために、三菱長崎造船所に発注した日本初の本格的大型高速客船として話題になった豪華船である。従来の同航路の「日本丸」クラスに比べて二倍以上の大きさで、機関にパーソンズ式タービン三基を搭載、燃料に石炭にかわり重油という液体燃料を採用する等革新的技術をとりいれた最初の国産大型客船だった。競争の激しい北米航路でも外国の大型客船に劣らない船内インテリア等国産造船技術の最高峰をいくものであった。明治四一年四月に竣工、二番船の「地洋丸」が同年一一月に竣工、明治四四年八月に三番船「春洋丸」が完成して、同航路の花形として活躍した。後に日本郵船に移ったが、大正一〇年当時は老朽化もすすみ、外国船に見劣りするようになっており、日本郵船では代船計画をたて、昭和はじめに「浅間丸」「龍田丸」「秩父丸（鎌倉丸と改名）」を完成させて、

米国にて建造された「さいべりあ丸」(1901 年竣工)

再び同航路の花形船として登場した。
ただし、この「浅間丸」クラスは、完成当時は特設巡洋艦候補であったかもしれないが、昭和一〇年当時は特設航空母艦の候補船に変わっていた。
「香取丸」「鹿島丸」は姉妹船でそれぞれ三菱長崎造船所と神戸川崎造船所で大正二年に完成した大型貨客船で、日本郵船の主要航路の一つである欧州航路向けの主力船である。主機はレシプロとタービンを組み合わせた珍しい計画で速力一七ノット強の性能を持ち、特設巡洋艦としては最適の船型であった。「諏訪丸」は一年後に同航路に投入された略同型船で、総トン数で一〇〇〇トン強増大した国産船では「天洋丸」級に次ぐ大型船であった。機関はレシプロであったが、姉妹船が他に二隻あった。「香取丸」同様特設巡洋艦としては文句のない存在だった。
定員表二の「さいべりや丸」は、大正四年に東洋汽船が米国太平洋郵船会社から買い取ったもともと同社の用船だったが、当時としてはかなりの老朽船で、図体は大きかったもののあまり利用価値はなかったと言える。

「ありぞな丸」は大阪商船が北米タコマ線用に三菱長崎造船所で大正九年六月に完成した総トン数一万トン弱の大型船で、船齢でも当時としては文句のない候補船のひとつで、同型船も多かった。

三菱長崎造船所で建造された「ありぞな丸」。大阪商船にて運用された

「伊予丸」は明治三四年一一月に三菱長崎造船所で完成した、日本郵船の中型貨物船で当時としては船齢も高く、特徴のない船でなぜ候補船となったのかよくわからない船のひとつ。

定員表三の「安洋丸」は東洋汽船が明治三八年に開設した南米航路に投入した最初の有力船で大正二年六月に三菱長崎造船所で完成した総トン数九五〇〇トンの大型貨客船である。機関にタービンを採用、速力一五・三一ノットは少し不満であるが、候補船として不足はない。

「亜米利加丸」については、これまで日露戦争時の仮装巡洋艦として説明しているので、多くは触れないが、後

大正後期の特設巡洋艦候補船舶一覧

類別	1.3万総T以上	1.3万総T未満 1.1万総T以上		1.1万総T未満1万総T以上
船名	「天洋丸」	「さいべりあ丸」	「諏訪丸」	「香取丸」
船種	鋼製客船	左同	鋼製貨客船	左同
総トン数(T)	13,454	11,790	11,758	10,513
載貨重量(T)				
長さ(垂線間長)(m)	167.64	166.33	153.92	149.35
幅(m)	19.2	19.2	19.33	18.59
深さ(m)	11.71	12.4	11.4	11.13
満載吃水(m)	9.65		11.43	
主機/数	タービン/3	レシプロ/3	レシプロ/2	左同
軸数	3	3	2	2
缶	水管式13		7	
最大速力(ノット)	20.61	21.51	16.46	16.43
馬力	18,958		10,964	
建造所	三菱長崎造船所	米国	三菱長崎造船所	神戸川崎造船所
竣工年月	1908	1901	1914	1913
船主	東洋汽船	左同	日本郵船	左同
同型船	「地洋丸」「春洋丸」	「これや丸」	「八坂丸」「伏見丸」	「鹿島丸」

類別	1万総T未満　7000総T以上		7000総T未満4000総T以上	速力20kt以上
船名	「加茂丸」	「ありぞな丸」	「伊予丸」	「長崎丸」
船種	鋼製貨客船	左同	左同	鋼製客船
総トン数(T)	8,524	9,684	6,320	5,272
載貨重量(T)				
長さ(垂線間長)(m)	141.73	145.08	135.64	120.4
幅(m)	17.07	18.59	14.99	16.46
深さ(m)	10.52	10	10.21	9.75
満載吃水(m)	7.92	8.48		
主機/数	レシプロ/2	レシプロ/2	レシプロ/1	タービン/2
軸数	2	2	1	2
缶	6	5		
最大速力(ノット)	16.41	16.3	15.4	20.9
馬力	7,582	7,987	5,365	10,964
建造所	三菱長崎造船所	左同	左同	英国
竣工年月	1908	1917	1901	1922
船主	日本郵船	大阪商船	日本郵船	左同
同型船	「熱田丸」「平野丸」	「はわい丸」「まにら丸」「あらばま丸」		「上海丸」

の太平洋戦争に病院船として従軍しており、その船歴はもっとも仮装巡洋艦にふさわしいものであった。次の「旅順丸」については明治二五年に英国で建造されたかなりの老朽船で、総トン数四七三〇トンの中型貨物船であり、日露戦争中には機雷敷設船として徴用されたキャリアを持った船である。この候補船リストの中ではもっとも利用価値の低い船と評価できる。

最後の定員表四にある「鎌倉丸」と「讃岐丸」は姉妹船で明治三〇年に英国で建造した日本郵船の貨物船。総トン数六一二三トンの中型船で日露戦争時には徴用船のリストにもない船で、こんなところでなぜ候補船になるのか理解に苦しむ老朽船である。

大正一四年の候補船リスト

これより四年後の大正一四年一一月一〇日付けの特設巡洋艦候補船の定員表がある。ここでは候補船を総トン数で類別して六種に分類している。

一万三〇〇〇トン以上に掲げられているのは「天洋丸」で、前に説明した通りである。次は一万三〇〇〇トン未満一万一〇〇〇トン以上で「さいべりや丸」をあげている。これも前述の通り。

日本郵船の「上海丸」

一万一〇〇〇トン未満一万トン以上に「諏訪丸」をあげている。ただし要目表に示したように、「諏訪丸」の総トン数は一万一〇〇〇トン以上で前の「さいべりや丸」の項にいれるべきだが、ここでは原文のままとする。次の一万トン未満九〇〇〇トン以上の「香取丸」で、これも厳密には前の「諏訪丸」の項に入れるべきだがこのままとする。

次の九〇〇〇トン未満七〇〇〇トン以上には「賀茂丸」があげられている。「賀茂丸」は日本郵船が欧州航路に投入した八〇〇〇トン級の有力貨客船で明治四一年七月に三菱長崎造船所で完成、他に同型船五隻がある。前掲の「香取丸」「諏訪丸」へ発展する前の船で、当時でもまだ第一線級に止まっていた有力船で、特設巡洋艦としての利用価値は高かった。

次の七〇〇〇トン未満四〇〇〇トン以上にある「伊予丸」も前掲の通り。最後の類別は総トン数ではなく、速力二〇ノット前後という速力による選別である。ここにあげられている「長崎丸」は日本郵船が長崎と上海を結ぶ日華連絡船として、同型の「上海丸」とともに英国に発注した五二七二総トンの高速小型客船で主機タービン二軸で二一ノット弱を発揮した。大正一一年に完成した新鋭船で、外観も傾斜した二本煙突の軽快な船姿で、特設軽巡洋艦？ とでも言うべき最適船であった。

いずれにしろ、この時期の特設巡洋艦としての最適船は日本郵船が欧州航路用に配船した「諏訪丸」「香取丸」「賀茂丸」の各同型船と「長崎丸」「上海丸」の各船で、いわゆる大型豪華客船の類には見るべきものはなく、時代はかわりつつあった。

昭和一〇年の候補船リスト

例の海軍制度沿革第一〇巻の定員の項に昭和一〇年一一月一〇日付けでの特設巡洋艦候補船の定員が掲載されている。前項の大正一〇〜一四年から一〇年近く経過しており、特設巡洋艦の候補船舶もかなり様変わりしている。

最初の総トン数で一万三〇〇〇トン以上の類別では「大洋丸」が掲げられている。この船は第一次大戦の賠償としてドイツから引き渡されたドイツ客船カップ・フェニステルで、東洋汽船が委託されて北米サンフランシスコ線に投入されたが、後に日本

三菱長崎造船所で建造された「照国丸」（同型船は「靖国丸」）

郵船に移ることになる。総トン数では「天洋丸」クラスより約一〇〇〇トン上回っていたが、一九一一年建造で機関はレシプロで速力一六ノットと遅く、利用価値は少なかった。

次の一・三万トン未満一万トン以上では「照国丸」と「箱根丸」があげられている。「照国丸」は当時競争の激しかった欧州路線強化のため、「賀茂丸」の代船として三菱長崎造船所に発注された、当時建造中であった「浅間丸」と同じく機関にディーゼルを採用した大型客貨船である。昭和五年五月に完成、同型の「靖国丸」も同八月に完成して同航路に就航した。前項で説明したように同時期に完成した太平洋航路の大型客船「浅間丸」クラスの方がより大型で、速力も早かったが、この昭和一〇年現在では特設巡洋艦ではなく、特設航空母艦の候補船に指定されており、これ以降も新造大型客船は全て特設航空母艦の候補船として、新造計画時から海軍の色々な仕様を盛り込むことを要求され、代わりに建造費の助成等が考慮されていた。すなわち、この時代、特設巡洋艦より特設航空母艦の方に、大型豪華客船をとられるのが当たり前になっていたのである。特に特設航空母艦の候補船は速力二〇ノット以上が最低条件で、これに対して特設巡洋艦では速力はもはや絶対条件では無くなっていた。

「照国丸」は不幸にも第二次大戦初期に英仏海峡で機雷に触れて沈没しており、「靖国丸」は太平洋戦争では特設巡洋艦ではなく、特設潜水母艦として使われた。

「箱根丸」は日本郵船が欧州航路用に先に建造した「香取丸」級の同型船として建造された大型客貨船で、同型の「筥崎丸」と「榛名丸」とともに三菱長崎造船所で大正一〇～一一年に完成した。機関はタービン、速力一六～一六・五ノットで変わりない。「箱根丸」は後の太平洋戦争では海軍の徴用運送船となり、「筥崎丸」は特設港務艦として徴用された。

次の一万トン未満八〇〇〇トン以上の「香取丸」「はわい丸」「りおでじゃねろ丸」についてはすでに前項で述べているが、後の太平洋戦争ではいずれも特設巡洋艦になることもなく、「りおでじゃねろ丸」は特設潜水母艦、「香取丸」と「はわい丸」は陸

三菱長崎造船所で建造された「箱根丸」（同型船は「筥崎丸」「榛名丸」）

軍に徴用されて運送船としてもちいられ、いずれも戦没している。

　次の八〇〇〇トン未満六〇〇〇トン以上の類別では、「吉林丸」「名古屋丸」の名があげられている。「吉林丸」は大阪商船が満州国建国後に大連航路を強化するために投入したタービン主機の高速船で三菱長崎造船所で昭和一〇年一月に完成した。同型船に「熱河丸」があり同じ長崎造船所で同年三月に完成している。六〇〇〇トン級の中型船で速力も一八ノットをこえているので特設巡洋艦としては最適と思われるが、後の太平洋戦争では陸海軍に徴用されることなく戦没している。ほぼ同型船に「鴨緑丸」と「黒龍丸」が数年後に建造されている。

「名古屋丸」は石原産業海運合資会社が、三菱長崎造船所に発注、昭和七年八月に完成した中型貨物船で南洋航路に就航していた。主機にレシプロと排気

昭和期の特設巡洋艦候補船舶一覧

類別	1.3万総T以上	1.3万総T未満1.1万総T以上		1万総T未8000総T以上
船名	大洋丸	照国丸	箱根丸	ぶえのすあいれす丸
船種	鋼製客船	鋼製貨客船	左同	左同
総トン数(T)	14,458	11,930	10,423	9,625
載貨重量(T)				
長さ(垂線間長)(m)	170.99	154.75	150.88	131.46
幅(m)	19.87	19.51	18.9	18.9
深さ(m)	10.58	11.28	11.28	12.04
満載吃水(m)	9.65			
主機/数	レシプロ/3	ディーゼル/2	タービン/2	ディーゼル/2
軸数	2	2	2	2
缶				
最大速力(ノット)	16.62	17.76	16.06	16.6
馬力		10,000	8,178	6,000
建造所	ドイツ	三菱長崎造船所	左同	左同
竣工年月	1911	1929	1921	1929
船主	東洋汽船	日本郵船	左同	大阪商船
同型船		靖国丸	筥崎丸 榛名丸	りおでじゃねろ丸

類別	8000総T未満6000T以上		7000総T未満4000総T以上	
船名		名古屋丸	高雄丸	神州丸
船種	鋼製貨客船	左同	左同	左同
総トン数(T)	6,784	6,045	4,282	4,180
載貨重量(T)				
長さ(垂線間長)(m)	129.3	123.9	108.4	109.73
幅(m)	17.1	16.9	14.7	15.24
深さ(m)	10.15	9.9	9.9	8.84
満載吃水(m)				
主機/数	タービン/2	レシプロ/1	タービン/1	ディーゼル2
軸数	2	1	1	2
缶				
最大速力(ノット)	18.82	16.3	12.5	17
馬力	6,000	4,135	3,915	5,270
建造所	三菱長崎造船所	左同	浦賀船渠	神戸三菱造船
竣工年月	1934	1932	1927	1935
船主	大阪商船	石原合資会社	大阪商船	吾妻汽船
同型船	熱河丸	じょほうる丸		

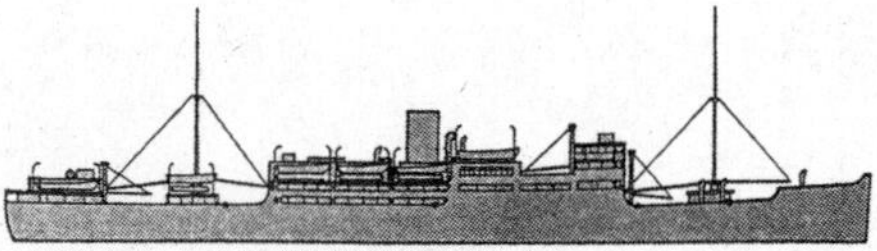
りおでじゃねろ丸（米海軍識別帳より）

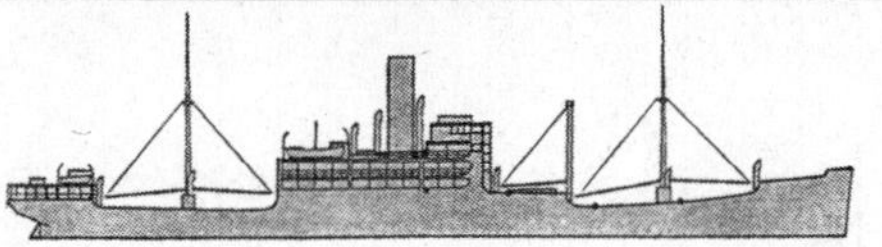
名古屋丸

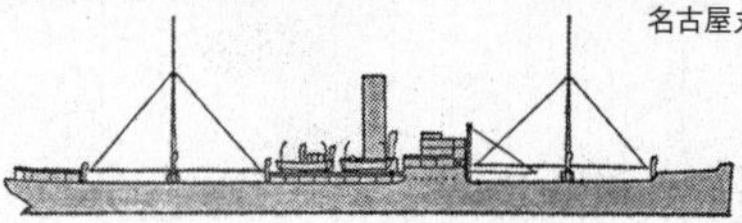
高雄丸

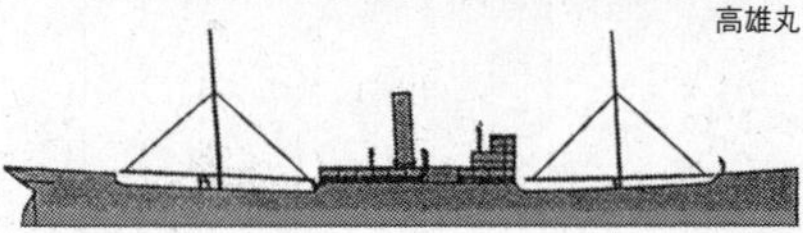
神州丸

タービンを併用した速力一六ノットの船で、後の太平洋戦争では最初特設潜水母艦、次に特設飛行機運搬艦さらに雑用運送船にもちいられた、多彩な遍歴を持つ船であったが、特設巡洋艦とはならなかった。

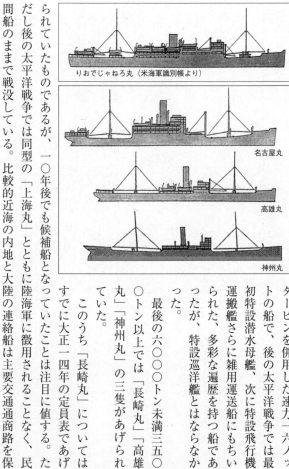

最後の六〇〇〇トン未満三五〇〇トン以上では「長崎丸」「高雄丸」「神州丸」の三隻があげられていた。

このうち「長崎丸」についてはすでに大正一四年の定員表であげられていたものであるが、一〇年後でも候補船となっていたことは注目に値する。ただし後の太平洋戦争では同型の「上海丸」とともに陸海軍に徴用されることなく、民間船のままで戦没している。比較的近海の内地と大陸の連絡船は主要交通通商路を保持するために、連絡船の徴用を避けていたふしもあった。

「高雄丸」は大阪商船が大正一二年五月に浦賀船渠で建造した中型貨物船で台湾航路の果物運搬を専門に行なう船であった。いわゆるバナナ・ボートの類である。速力は一六ノットを発揮したが、それほど特設巡洋艦にふさわしいとはいえないが、後の太平洋戦争では陸軍の徴用船として戦没している。

最後の「神州丸」は昭和九年に神戸三菱造船所で建造したディーゼル主機の中型貨物船で吾妻汽船が用船していたが、太平洋戦争では陸軍に徴用されて戦没している。

特設巡洋艦の兵装

結果的にこの昭和一〇年時に特設巡洋艦として候補にあげていた船で、後の太平洋戦争で特設巡洋艦に選ばれた船は一隻もなかった。これはこれ以降に特設巡洋艦にふさわしい船舶が建造出現したことにもよるが、特設巡洋艦に求める海軍の方針、施策の変化があったことも影響していた。

この当時特設艦船の兵装として用意されていたのは四五口径一五センチ砲、これは四一式と安式、毘式の三種があったが、実際の装備艦の例は防護巡洋艦「利根」、矢

日本郵船の「浅間丸」。空母に改造の予定だったが中止された

刎型、日露戦争の戦利艦装甲巡洋艦「阿蘇」、ワシントン条約で廃棄された戦艦・巡洋戦艦の「香取」「鹿島」「生駒」「安芸」「薩摩」「河内」「摂津」等が装備していたもので、廃棄に際して取り外して各鎮守府に保管していたもので、相当数の在庫があったものと推定された。これ以外にも海防艦の「相模」が装備していたり、他に露式四五口径一五センチ砲も「肥前」「周防」「丹後」「宗谷」搭載のものがかなりあったはずだが、弾薬の共通化ができないため利用価値は低かった。

これに次ぐ安式四〇口径一五センチ砲は日清戦争時代から主要艦艇の大半が装備していただけに、当時在庫数は一番大きかったものと思われ、ただ性能的にはかなり旧式で劣っていた。

当時現役の五〇口径三年式一四センチ砲は特設艦船の備砲としてはもっとも好ましかったが、現

三菱長崎造船所で建造された「吉林丸」（同型船は「熱河丸」）

役砲だけに備蓄も少なく、主要特設艦船に限って装備されるものであった。これらの砲を操作するには砲一門に付き兵曹二名（四〇口径一五センチ砲のみ一名）兵八名の一〇名を配員するものとされていた。ただし艦首尾装備方の場合は兵一名が増加されるとしている。

これより下位の備砲としては四五口径三年式一二センチ砲と四〇口径安式または毘式一二センチ砲があり、四五口径三年式一二センチ砲は当時の現役砲で駆逐艦や掃海艇の多くが装備していたものである。四〇口径安式一二センチ砲はかつて「筑波」「生駒」「安芸」「薩摩」や防護巡の一部が装備していたものでかなりの在庫があったはずである。これらの一二センチ砲の配員は兵曹は一名で兵は四五口径砲で八名、四〇口径砲で七名となっている。

さらに四五口径一〇年式一二センチ高角砲および四〇口径三年式八センチ高角砲も特設艦船の備砲として考慮

されていたが、ともに当時の現役砲だけに後の例を見てもごく限られた装備例しかなかった。配員は一二センチ高角砲が兵曹一＋兵九、八センチ高角砲が兵曹一＋兵五となっている。

その他、小砲として当時一番在庫数が多かったと思われたのが、四〇口径安式・一号・四一号八センチ砲で、他に四七ミリ、五七ミリ速射砲も相当数が在庫になっていたと思われるが、特設艦船が多岐に渡り、漁船の類まで掃海艇等に用いることを考えていたから、何も装備しないよりはましと考えてこれらの旧式砲も後に太平洋上の監視艇等が装備した例があった。また大型機銃も一三ミリ機銃クラスの装備が考慮され、配員は連装で兵曹一＋兵三、単装で兵曹一＋兵二となっている。

その他探照灯や測距儀を装備する場合の配員として探照灯七五センチ以上兵曹一＋兵三、六〇センチ以下では兵二、測距儀も兵二の配員で操作するものと定めていた。

ちなみに、「照国丸」級特設巡洋艦の定員は士官一四、特務士官四、准士官三、下士官五九、兵一四六〜一八七となっている。

昭和期の優秀商船建造優遇策

本項では昭和期における日本商船界の奇跡といわれた、優秀商船、特に一連の高速ディーゼル主機搭載外国航路貨物船の誕生等に触れてみよう。

日本をふくめて米英の大海軍国においては常備海軍軍備には有事の際に大量の民間商船を徴用することで外洋作戦が可能となることを前提に、平時から自国商船隊の育成に努めるのは当然であった。例えば昭和七年（一九三二年）の統計では商船隊の保有量は英国一九六七万二〇〇〇総トン、米国一三五四万七〇〇〇総トン、日本四二三万五〇〇〇総トンの順位で、日本は英米に比べてかなり劣っていた。

ちなみに四位のノルウェーが四一六万七〇〇〇総トン、五位がドイツで四一六万五〇〇〇総トンで日本に迫っていた（以上一〇〇総トン以上の船舶）。日本は昭和一六年一二月開戦時には六五五万七〇〇〇総トンまで増加していたが、太平洋戦争終戦時には二二〇万七四〇〇総トンまで減じていた。

　太平洋戦争開戦時の陸海軍の徴用船舶量は陸軍二一八万総トン、五一九隻、海軍一七四万総トン、四八二隻という数字があり、民需用の二四三万六〇〇〇総トン、一五二八隻とほぼ三分割するほどで、これでは民需用船舶が大きく圧迫され、正常な民需活動が困難となることは明らかであった。これこそ「勝つまでは、節約をむねとして、贅沢は敵」のスローガンを生む状況下で太平洋戦争は始まったのである。さらに隻数

「赤城丸」（日本郵船）。7387総トン、速力18.9ノット

を比べてわかるように、陸海軍は大型優秀船を徴用して、残った中小型船が民需用に残されたこともわかる。

昭和初期の慢性的な不況の時代、日本商船隊は多くの中古船舶をかかえて、多くが係船しており、当然、造船所に新造船舶を発注する余力もなく、造船所も不況の波にあらわれていた。

海軍としてはこうした中古船を計画的にスクラップして、新造船に置き換えるスクラップ・ビルド方式を推進せんとして、船舶行政を管轄する逓信省に働きかけたが、陸軍としては有事に徴用する船舶は外洋への兵員や物資の輸送がほぼ一〇〇％の任務であり、船舶の質より量を重視して、このスクラップ・ビルド方式には賛成ではなく、かなりの温度差があった。

以下、この時期の日本政府の実施した日本船

「浅香丸」（日本郵船）。7398総トン、速力19.2ノット、「赤城丸」と同級

船のスクラップ・ビルド政策について、特設艦船研究の第一人者として知られる、正岡勝直氏の著作「日本特設艦船正史」／戦前船舶No. 104/2004を元に簡単にまとめてみることにする。

昭和五年政府は官民合同の協議会を持ち、逓信省に臨時海運調査会を設置、大蔵省に外航海運奨励金の交付案を提示したが、大蔵省は国庫に余裕がなく承認されなかった。しかし翌年金輸出禁止から為替は円安となり、輸出が回復傾向となったことで、大手海運会社にも新造新鋭船を外国航路に投入する機運が高まってきた。

このため昭和七年四月に臨時海運調査会を強化して、政府側は逓信、大蔵、海軍、商工、開拓各省庁の次官級を、民間からは海運業者、造船業者、海事金融、海上保険、海員関係の代表者を加えて構成メンバーを刷新して本腰をいれることになった。

同年七月に「船舶素質改善施設」案が完成した。その基本は日本船舶を国内で建造する者に助成金を交付する制度で、代わりに老齢船をスクラップするというものである。

一．対象は二〇〇〇総トン以上の鋼製汽船
二．設計、仕様は逓信大臣の承認を要する
三．造船資材、機関、艤装品は国内製造品を使用すること
四．新造船合計トン数は、解体船合計トン数の三分の一であること
五．解体船は一〇〇〇総トン以上、昭和七年一月一日現在で船齢二五年以上の日本国籍鋼製汽船

というものであった。

計画は五ヵ年計画で解撤船六〇万総トン、代船建造量三〇万総トンで、新造船一総トンにつき平均六〇円、助成金総額二〇〇〇万円とし、初年度を最高として順次減額するというものであった。この案は同年八月の第六三臨時帝国議会に「船舶改善助成費」として提出され成立した。成立案は先の原案と幾分異なり、二ヵ年の継続事業として、解撤船総計四〇万トン、代船建造二〇万トン、助成金総額一〇〇〇万円の他に

特別助成金として一総トンあたり五円、総額一〇〇万円が追加された。従って平均一総トンあたりの金額は五五円に減じている。

特別助成金は海軍の要求する設計仕様、甲板の高さ、船倉の大きさ、砲搭載のための補強材追加等のためで、もちろん有事における特設艦船への使用を考慮したものであった。

また代替新造船は四〇〇〇総トン以上、速力一三ノット以上の第一級資格船となっており、速力によりトン当たり助成金の額を増減して、一八ノット以上五四円、一六ノット以上一八ノット未満五〇円、一四ノット未満四五円という細目も定められていた。

昭和九年七月に審議会は逓信省に対して昭和一〇年以降の五ヵ年計画の継続を答申、新造船と解撤船の割合を一：一として五〇万総トンを建造、一総トン数当たり五二円四〇銭、総額二六二〇万円を大蔵省に要求したが、議会はこれを削減して昭和一〇年以降、一総トンあて三〇円、総額一五〇万円で四月から一年間で五万総トンの新造船と解撤船の割合は一：一のままで解撤船の解撤は三年以内の猶予を与えた。これは景気の上向きで、海運界も好況で船腹が不足することをおそれて、スクラップをひかえる傾向にあったことを考慮したものであった。この第二次では申請者は大手海運会社以外に不定期船運行の中小船主にも解放された。

さらに昭和一一年以降に実施された第三次助成では船主から四〇〇〇総トン以下の中小船にまで助成をとの要求があったが、従来通りとすることになり、また逓信省の三〇万トン、三ヵ年、トン当たり五五円、総額一六五〇万円の要求も、大蔵省は同意せず、第二次並として一年間の事業として承認された。

助成事業で建造された優秀船

この船舶改善助成事業は昭和七年から一二年、実質五年間の実施で新造船は四八隻、三〇万総トンが完成、解撤船は九八隻四二・一万総トンが実績であった。解撤船が予定より少ないのは、昭和一二年に日中戦争が勃発その他により、解撤を中止した船舶が二〇隻あったことによる。

大阪商船が昭和五年四月に三菱長崎造船所で建造完成した「畿内丸（八三六五総トン）」は、ディーゼル主機二基を搭載、速力一八ノットの日本初の高速外航貨物船として注目された。これは従来、生糸の北米輸出に際し西海岸の港湾で荷揚げし、後は大陸横断鉄道により東海岸に届けていたものが、パナマ運河の開通により、高速船で一挙に東海岸まで航行して現地で陸揚げできることを実現した最初の事例で、大阪商船は畿内丸級八隻をニューヨーク航路に投入して先鞭をつけた。当然各社も一八ノット・クラスの高速貨物船を続々新造して、これに追従する外航貨物船も一八〜二〇ノット時代に突入、これは海軍にとって願ってもないことであった。

当然この助成事業により建造された船舶も多くがこの高速外航貨物船仕様となっていた。

この四八隻は後の太平洋戦争で全船が徴用されており、海軍三七隻、陸軍一一隻で終戦時残存したのは、「高栄丸」と「有馬山丸」のわずか二隻に過ぎなかった。海軍でも消耗率の高かった朝潮型以降夕雲型までの駆逐艦四八隻の残存艦が「雪風」唯一隻だったのに比べても、いかに熾烈な戦いであったかがわかる。

海軍徴用船の中に特設巡洋艦として徴用されたものが六隻ふくまれており、日本郵船の「赤城丸」「浅香丸」は昭和一二年に欧州航路に投入されたA型船と称せられた優秀高速貨物船で、この助成事業外で他に同型の「有馬丸」「吾妻丸」「粟田丸」が同時期に建造されており、「粟田丸」が特設巡洋艦に編入されている。大阪商船の「盤谷（バンコック）丸」は総トン数も小さく速力も一六ノットと低いが、これは特設巡洋艦兼敷設艦という機雷敷設を主務とする船であったことによる。その他、国際汽船

船舶改善助成により建造された船舶一覧
(昭和7～12年／48隻)

船名	総トン数	船主	建造所	竣工
吾妻山丸	7,614	三井船舶	三井玉野	S8-7-31
信濃川丸	7,504	東洋海運	三菱長崎	S8-10-3
天城山丸	7,624	三井船舶	三井玉野	S8-12-26
高栄丸	6,774	大同海運	三菱長崎	S9-1-10
神州丸	7,504	吾妻汽船	三菱神戸	S9-2-10
球磨川丸	7,509	東洋海運	三菱長崎	S9-3-31
最上川丸	7,509	東洋海運	三菱長崎	S9-6-4
東亜丸T	10,052	飯野海運	神戸川崎	S9-6-23
鹿野丸	6,940	国際汽船	浦賀船渠	S9-8-10
長良丸	7,148	日本郵船	三菱横浜	S9-8-28
清澄丸	6,991	国際汽船	神戸川崎	S9-10-5
能登丸	7,185	日本郵船	三菱長崎	S9-10-15
那古丸	7,139	日本郵船	浦賀船渠	S9-10-25
海平丸	4,576	嶋谷汽船	三井玉野	S9-11-8
能代丸	7,184	日本郵船	三菱長崎	S9-11-30
鳴門丸	7,148	日本郵船	三菱横浜	S9-12-10
極東丸T	10,051	飯野海運	神戸川崎	S9-12-15
阿蘇山丸	6,359	三井船舶	三井玉野	S9-12-20
野島丸	7,189	日本郵船	三菱長崎	S10-2-13
金剛丸	8,624	国際汽船	播磨造船	S10-3-4
宏山丸	4,180	山本汽船	三菱神戸	S10-3-16
天洋丸	6,843	東洋汽船	三菱長崎	S10-3-28
青葉山丸	6,359	三井船舶	三井玉野	S10-3-30
朝日山丸	4,551	三井船舶	三井玉野	S10-4-30
新興丸	6,479	新興汽船	三菱横浜	S10-5-31
明石山丸	4,551	三井船舶	三井玉野	S10-6-3
千光丸	4,472	日本郵船	三菱横浜	S10-7-31
万光丸	4,471	日本郵船	三菱横浜	S10-8-30
屏東丸	4,468	大阪商船	三菱長崎	S10-8-31
台東丸	4,467	大阪商船	三菱長崎	S10-9-30
彰化丸	4,467	大阪商船	三菱長崎	S10-11-15
衣笠丸	6,808	国際汽船	神戸川崎	S11-2-28
かんべら丸	6,477	大阪商船	三井玉野	S11-5-30

船名	総トン数	船主	建造所	竣工
北洋丸	4,216	北日本汽船	浦賀船渠	S11-6-15
神祥丸	4,837	栗林商船	三井玉野	S11-7-27
東京丸	6,486	原田汽船	三井玉野	S11-8-31
赤城丸	7,387	日本郵船	三菱長崎	S11-9-10
天龍丸	4,864	内外汽船	日立因島	S11-12-22
浜江丸	5,419	大連汽船	播磨造船	S11-9-20
御室山丸T	9,205	三井船舶	三井玉野	S12-1-15
日吉丸	4,046	吾妻汽船	神戸川崎	S12-4-1
北昭丸	4,211	北日本汽船	浦賀船渠	S12-6-19
高瑞丸	7,072	大同海運	日立桜島	S12-6-30
有馬山丸	8,696	三井船舶	三井玉野	S12-7-3
三興丸	4,960	三興汽船	日立因島	S12-8-15
善洋丸	6,441	東洋汽船	三菱横浜	S12-8-16
盤谷丸	5,348	大阪商船	三菱神戸	S12-9-20
浅香丸	7,398	日本郵船	三菱長崎	S12-11-30

（注）日本海軍特設艦船正史　正岡勝直著／戦前船舶　No.104による。船名の後の（巡）は後に特設巡洋艦に編入されたことを示す。同じくTを付けた船名はタンカー（油槽船）を示す。

「能代丸（日本郵船）」。7184総トン、速力18.5ノット

「衣笠丸」(国際汽船)。日中戦争で特設水上機母艦として使用

の「衣笠丸」は日中戦争勃発とともに特設水上機母艦として艤装されて中国戦線に出動したことでよく知られている。

大半の徴用船は、大戦後半は特設運送船として輸送任務に従事するところとなり、敵航空機および潜水艦の攻撃の矢面にたたされて、つぎつぎと喪失されていったのであった。

一方、この助成事業により解撤された船舶には、かつての大型客船で仮装巡洋艦候補だった日本郵船の「天洋丸」「春洋丸」「これや丸」「さいべりや丸」等があり、かつての仮装巡洋艦「香港丸」や義勇艦隊の「蓬莱丸」等もスクラップとなった反面、「亜米利加丸」は陸軍病院船として太平洋戦争に従軍しており、あの有名な「信濃丸」も戦後まで無事生き残っていた。

特に陸軍は日中戦争の勃発で船腹不足のため、解撤を予定した船舶の解体を中止して徴用するということ

「盤谷丸」(大阪商船)。5348総トン、速力16ノット

もあった。一般に大手の海運会社はスクラップ・ビルドを忠実に実行したものの、中小海運会社に転売された船舶には船齢の高い船でも生き延びたものが多い。また大手海運会社では助成を受けて新造船を造る為に、スクラップする老朽船が足りず、わざわざ割り当て分を他所から買い入れるという事態も生じていた。

日中戦争期の優秀商船建造優遇策

前項では昭和七年から実施された国策のスクラップ・ビルド方式による船舶改善助成策により建造された船舶について述べた。第一次から第三次まで昭和一二年までの実施で、速力一八ノットの高速貨物船が多数整備されて、海軍としてはひとまず目的を達成したともいえたが、日中戦争に突入した昭和一二年は、日本海軍にとってはワシントン、ロンドン軍縮条約から脱退して無条約時代に入った一つの節目になる年でもあった。

日中戦争の勃発は当然有事状態として民間船舶の徴用は、後の太平洋戦争時ほどの規模ではなかったが、当然陸海軍により実施され、海軍では特設艦船が多数就役することになった。

中国相手では流石に特設巡洋艦は必要なかったが、先の高速ディーゼル貨物船の何隻かは早速特設水上機母艦として艤装され出撃、正規の水上機母艦をしのぐ活躍を示した。

こうした背景からも以後も優秀船舶建造は国策として続ける必要性が高まり、逓信省は昭和一二年から同一五年の四年間に三〇万総トンの優秀船舶を建造する計画を継続して実施することを策定して、第七〇回帝国議会で協賛された。

この優秀船建造助成により第一種船（貨客船）と第二種船（貨物船）合計二八隻が昭和一八年までに完成している（別表参照）。第一種船には日本郵船がロンドン・欧州航路の貨客船香取丸クラスが速力に劣り、老朽化してきたことから新規代船として「新田丸」クラスの大型高速船三隻が建造されたが、完成期には第二次大戦の勃発により、シアトル北米航路に投入され、「浅間丸」クラスの代替えとなったが、二番船の「八幡丸」は民間船として就役したものの、三番船の「春日丸」は就役前に海軍に

優秀船建造助成により建造された船舶一覧 (昭和12～18年/28隻)

船名	総トン数	船主	建造所	竣工
厳島丸T	10,007	日本水産	神戸川崎	S12.12.20
金華丸	9,301	国際汽船	神戸川崎	S13.2.28
玄洋丸T	10,018	浅野物産	神戸川崎	S13.4.28
東山丸	8,684	摂陽商船	三菱長崎	S13.4.30
九州丸	8,666	摂陽商船	三菱長崎	S13.5.31
日栄丸T	10,020	日東汽船	神戸川崎	S13.6.30
あかつき丸T	10,216	日本海運	播磨造船	S13.10.31
日章丸T	10,526	昭和タンカー	三菱横浜	S13.11.29
東栄丸T	10,022	日東汽船	神戸川崎	S14.2.21
黒潮丸T	10,384	中外海運	播磨造船	S14.2.28
あるぜんちな丸	12,769	大阪商船	三菱長崎	S14.5.31
佐渡丸	7,180	日本郵船	三菱長崎	S14.6.30
淡路山丸	9,794	三井船舶	三井玉野	S14.7.15
あけぼの丸T	10,182	日本海運	播磨造船	S14.8.15
建洋丸T	10,022	國洋汽船	神戸川崎	S14.10.28
ぶらじる丸	12,752	大阪商船	三菱長崎	S14.12.23
神国丸T	10,020	神戸桟橋	神戸川崎	S15.2.28
新田丸	17,150	日本郵船	三菱長崎	S15.3.23
佐倉丸	7,146	日本郵船	三菱長崎	S15.3.30
報国丸	10,439	大阪商船	三井玉野	S15.6.22
八幡丸	17,128	日本郵船	三菱長崎	S15.7.31
宏川丸	6,872	川崎汽船	神戸川崎	S15.10.12
愛国丸	10,438	大阪商船	三井玉野	S16.8.31
春日丸	17,130	日本郵船	三菱長崎	S16.9.5
三池丸	11,738	日本郵船	三菱長崎	S16.9.30
護国丸	10,438	大阪商船	三井玉野	S17.10.2
安芸丸	11,409	日本郵船	三菱長崎	S17.10.15
阿波丸	11,249	日本郵船	三菱長崎	S18.3.6

(注) 日本海軍特設艦船正史　正岡勝直著/戦前船舶　No.104による。船名の後の（巡）は後に特設巡洋艦、（空）は特設空母に編入されたことを示す。同じくTを付けた船名はタンカー（油槽船）を示す。

「新田丸」（日本郵船）。17,150総トン、速力22.4ノット

徴用、特設空母「春日丸」として艤装を変更、太平洋戦争開戦前に就役している。同型の二隻も開戦前後に徴用され特設空母に改装されたが、これらは有事に空母に改装されることは事前の計画で織り込み済みで、設計上も海軍の要求仕様で建造されたものであった。改装に当たっては、海軍は「浅間丸」クラスの空母改装用に用意していたエレベーターを流用したといわれている。「新田丸」クラスの建造費は一隻約一二〇〇万円、内建造助成金は四一〇万円といわれている。

日本郵船では他に第一種船としてシアトル航路用に「三池丸」「安芸丸」を建造、このクラスで一隻の建造費は八〇〇万円、助成金は二二〇万円とされており、略同型船として豪州航路用に「阿波丸」と「三島丸」が計画され、「阿波丸」のみは昭和一八年に完成したものの、「三島丸」は建造を中止してい

「あるぜんちな丸」（大阪商船）。12,769総トン、速力21.4ノット

る。

このとき大阪商船では南米航路用に「あるぜんちな丸」と「ぶらじる丸」の姉妹船を建造、一隻の建造費は一〇〇〇万円以上といわれているが、助成金は三一七万円とされている。この姉妹船は大阪商船の船舶の設計を数多く手がけていた和辻春樹工学博士のデザインとして有名で、当時としては大型のディーゼル主機高速船として知られていた。二隻とも海軍の特設空母予定船として海軍側の要求仕様の下に建造されたが、海軍が要求する商船改造空母としては最小の船型で、後に「あるぜんちな丸」が空母に改装された際には、速力不足として駆逐艦級のタービン主機に換装したために改装期間を大幅にのばしている。日本海軍は商船空母改装に関しても、米英に大きく遅れており、特に米海軍が簡単な艤装でより小型の護衛空母多数を投入したことに比べて、

「愛国丸」（大阪商船）、10,438 総トン、速力 21 ノット

商船改造空母を正規空母に準じた艦隊目的に用いることに固執したため、戦時消耗の簡易艤装空母という発想ができず、結果的に戦局に寄与することも少なかった。

さらに大阪商船ではアフリカ東海岸航路用に大型貨客船として「報国丸」クラス三隻を建造、これも和辻博士の設計になるもので、「あるぜんちな丸」を若干小型化した船型も多くの類似点がある。この三隻、「報国丸」「愛国丸」「護国丸」は後の太平洋戦争でそろって徴用、特設巡洋艦になっている。

第二種船、貨物船では通常の貨物船より一万総トン前後のタンカー、油槽船が優先して一〇隻が建造されている。これは海軍の要求によるもので、当時海軍としては正規の艦隊型給油艦が老朽化して数も不足しており、艦隊の洋上給油任務に使える油槽船は最優先の選択であった。ディーゼル主機、速力二〇ノット前後のこれらの油槽船はもちろん海軍の要求仕様で、艦首尾には砲座用の補強も施されていた。

Sクラス高速貨物船

一方、日本郵船ではここでSクラスと称された七〇〇〇総トン級ディーゼル主機二〇ノットの高速貨物船を建造していた。「佐渡丸」「佐倉丸」がそうで船名がSから始まるもので、他にこの助成以外に同型の「崎戸丸」「讃岐丸」「相模丸」「相良丸」「笹子丸」が自己資金で建造されている。

海軍ではこのSクラスを有事に特設巡洋艦に予定していたらしく、昭和一四年の出師準備計画に呉工廠で作成した特設巡洋艦の艤装図が残されており、これを復元したのが別図の艦型図である。主兵装は四〇口径一五センチ砲六基で、艦首尾、中央甲板室の前後上甲板に配置されている。砲の形式は不明だが安式か四一式、明治期の旧式砲で、日露戦争時の仮装巡洋艦「信濃丸」や「亜米利加丸」の装備砲と同じである。他に後部デリックポストの間の上甲板舷側に五三センチ連装魚雷発射管が両舷に装備されており、舷外に指向するときは舷側のブルワークを倒すらしく、次発装填魚雷は

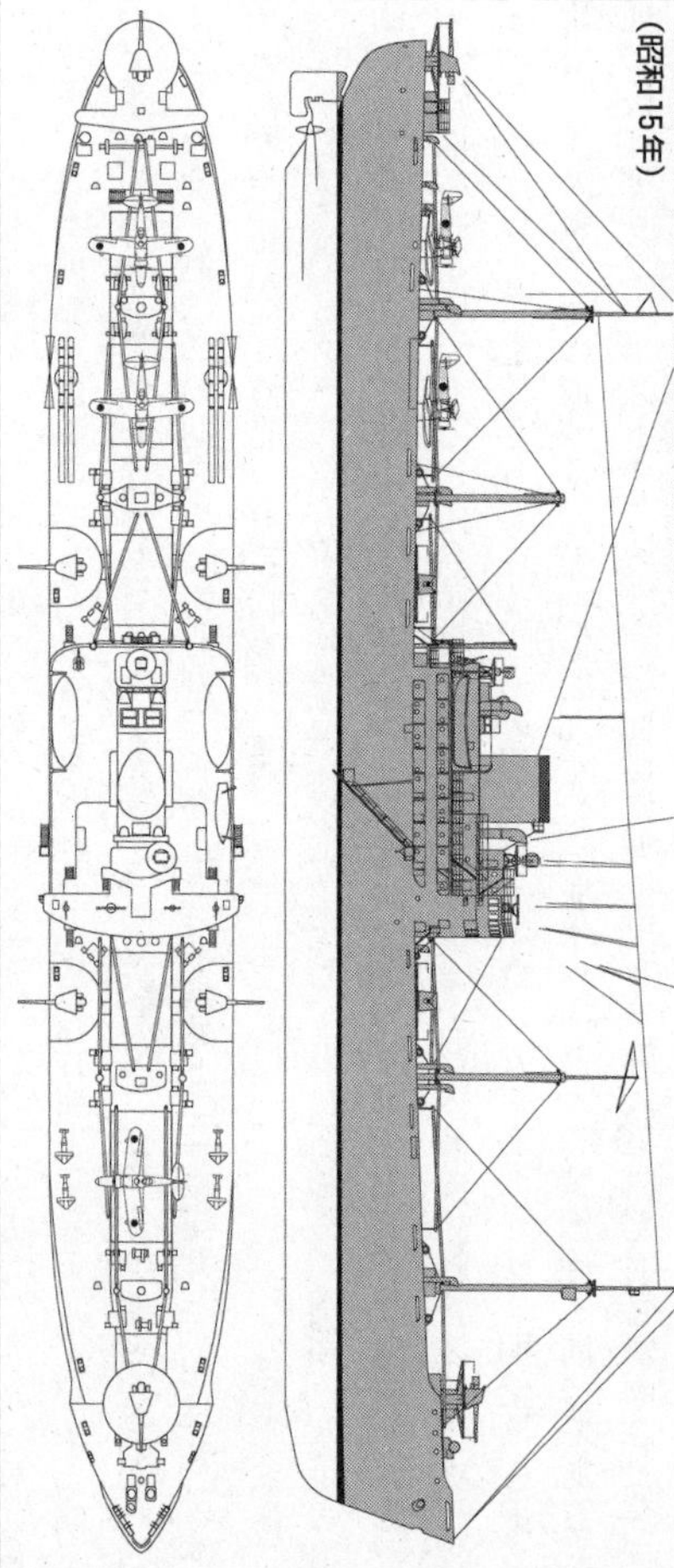

日本郵船Sクラス貨物船特設巡洋艦艤装図（昭和15年）

それぞれの発射管の艦首方向に置かれているらしい。

他に艦橋トップの両ウイングに一二ミリ単装機銃、中央部に二・五メートル測距儀、煙突前に一一〇センチ探照灯、煙突後方に九〇センチ探照灯各一基が置かれている。その他有力な兵装として九五式二座水偵を前部船倉甲板に一機、後部船倉甲板に三機が置かれており（図では一部省略）、合計四機ということらしいが一部は予備機であろう。

ただし、射出機はなく貨物船時代のデリック・アームで海面に上げ下ろしして運用するらしい。弾薬庫は艦首尾の船倉甲板レベルにそれぞれ設けられている。

特設巡洋艦の場合、このクラスで士官は大佐級の艦長以下准士官以上約二〇名、下士官約五〇名、兵二〇〇名前後とおもわれ、居住区画は十分で、士官と下士官の一部は中央部の甲板室にある客室施設を利用すれば、正規艦艇に比べてかなり贅沢なスペースを確保できたであろう。

兵員居住区についても前後の中甲板部分の船倉、倉庫スペースを利用して確保することは容易であった。ただし、貨物船時代は乗員数が少ないため短艇は救命艇二隻しか搭載していず、他に小型のボート一隻があるのみであったが、この特設巡洋艦艤装図では特に増加していず、当然乗員全部を収容するには他にカッター二、三隻は必要であろう。

しかし実際には後の太平洋戦争に際しては、せっかく図面まで用意していたこのSクラスは一隻も特設巡洋艦にはならず、「讃岐丸」と「相良丸」の二隻が特設水上機母艦に編入されたのみで、他は陸海軍に徴用されたものの主に輸送任務に従事、先の二隻を含めて同型七隻が全て太平洋戦争中に戦没している。

以上の他に昭和一二年に優秀船建造助成とともに大型優秀船建造助成という施策も併用して実施する予定だったが、予算上、昭和一三年の第七三回議会で協賛されて実施された。

これは海軍省が逓信省に要望して生まれたもので、有事に空母に改装することを条件に北米航路用の二万四〇〇〇総トン、速力二四ノットの大型客船建造を全額国庫負担でおこなうものとされていた。ただし大蔵省が逓信省の提示した、一隻の建造費二四〇〇万円、その八割助成を五割助成に削ったため頓挫、海軍が六割助成を提案してどうにか成立したものであった。

海軍は二万六〇〇〇～二万七〇〇〇総トン、公試速力二三ノット以上、有事には三ヵ月で空母に改装可能を条件にしていた。逓信省は北米航路が日本にとって最重要航路であるとして、最大手の日本郵船に建造を要求したが、当初日本郵船側は助成金が減額されたこともあり、採算面で疑問として躊躇していたが、政府が運航上の損失に対して補助する密約もあって、建造を決断するに至った。最終的に二万八九五〇総トン、満載排水量三万一九一五トン、主機タービン二基、四万五〇〇〇軸馬力で速力二四ノット、ただし最大軸馬力五万六五五〇で公試速力二五・五ノットということで海軍側が合意したものらしい。

二隻は「出雲丸」と「橿原丸」と命名されて、川崎造船と三菱長崎造船所で昭和一四年に起工された。建造費は各々約二三九〇万円といわれている。しかし、昭和一五年一〇月進水前に海軍は日米関係の悪化から空母への改装を決定、徴用は無理と判断して、この時点で海軍側が買取ることになり日本郵船側と交渉、結局この時点で海軍の空母として工程を続けることになり、日本最初の大型客船は日の目を見ることなく姿を消した。しかしこのおかげで日本海軍はミッドウェー海戦の主力空母喪失に際して、ほぼ「飛龍」に準じた有力空母二隻を補充することができたのである。先に完成

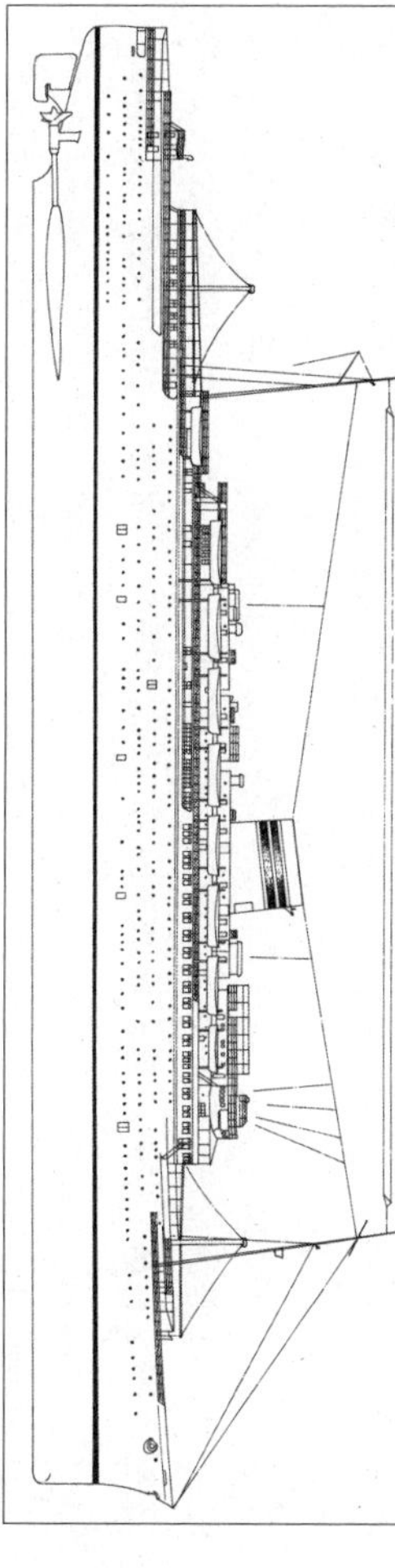
「橿原丸」完成予想図

した「橿原丸」改装の「隼鷹」はこのミッドウェー海戦にアリューシャン攻略部隊に参加していた。

結果的に昭和七年から始まった政府のこの優秀船舶建造助成策は、多くの優秀船舶を生み出し、後の太平洋戦争で特設艦船として就役、正規艦艇にも勝る戦力として用いられたが、その犠牲も大きかった。

第四章　太平洋戦争期

一四隻の特設巡洋艦

太平洋戦争には合計一四隻の特設巡洋艦が就役した。もちろん過去最大の数だが、終戦まで特設巡洋艦として残った船は一隻もなかった。特設巡洋艦そのものの性格も大きく変わっており、過去のように大型高速客船を特設巡洋艦に選ぶことは時代にそぐわなくなっていた。

もちろん日本海軍でも昭和一〇年ごろまではこうした高速客船を特設巡洋艦候補として選定することもあったが、前項に述べたように昭和七年以降、日本商船隊は政府の補助のもとに優秀船舶の建造につとめた結果、一万総トン前後、速力二〇ノット前後の優秀貨物船、貨客船が多数出現し、少数の大型客船は特設空母として優先的に選択されるようになった。

一つは航空機の性能が飛躍的に向上して、陸上、海上を問わず航空兵力が戦略、戦術上軍備の最大要素の一つとなるにしたがい、機動力が大幅に増加、同時に偵察、索敵能力も格段に進歩するにいたった。

敵の制空権下では正規の巡洋艦でさえ安全ではなくなり、まして図体の大きな客船の特設巡洋艦などは目立つだけで、遠く外洋で敵国商船を個別に攻撃するには目立たない中型貨物船タイプが最適であった。第二次大戦中にドイツ海軍はこうした通商破壊艦／レイダーを多数放ってそれなりの戦果をあげたが、それも連合国側の航空哨戒網の手薄だった大戦中期ごろまでで、それ以降は不可能となった。通商破壊戦に豊富なノウハウを持ち、そのやり方を心得ていたドイツ海軍でさえこの状態だったのに対して、およそ通商破壊戦の本質を理解していなかった日本海軍では、特設巡洋艦による通商破壊戦などは上手くいくわけもな

艤装場所	解雇／役務変更
日立桜島／呉	S17-5-20解傭、戦没
宇品造船	S17-7-15解傭、戦没
播磨造船	S19-11-10解傭、戦没
日立桜島	S18-10-1運送艦（雑用）
三菱神戸	S18-10-1運送艦（雑用）
三菱神戸	S19-3-31解傭、戦没
	S17-8-5運送艦（雑用）
呉海軍工廠	S17-10-1解傭、戦没
播磨造船	S17-4-1解傭、戦没
日立桜島	S18-10-1運送艦（雑用）
三井玉造船	S18-10-1運送艦（雑用）
三菱神戸	S17-12-15解傭、戦没
呉海軍工廠	S18-10-1運送艦（雑用）
	S18-4-15特設砲艦

特設巡洋艦艦型一覧

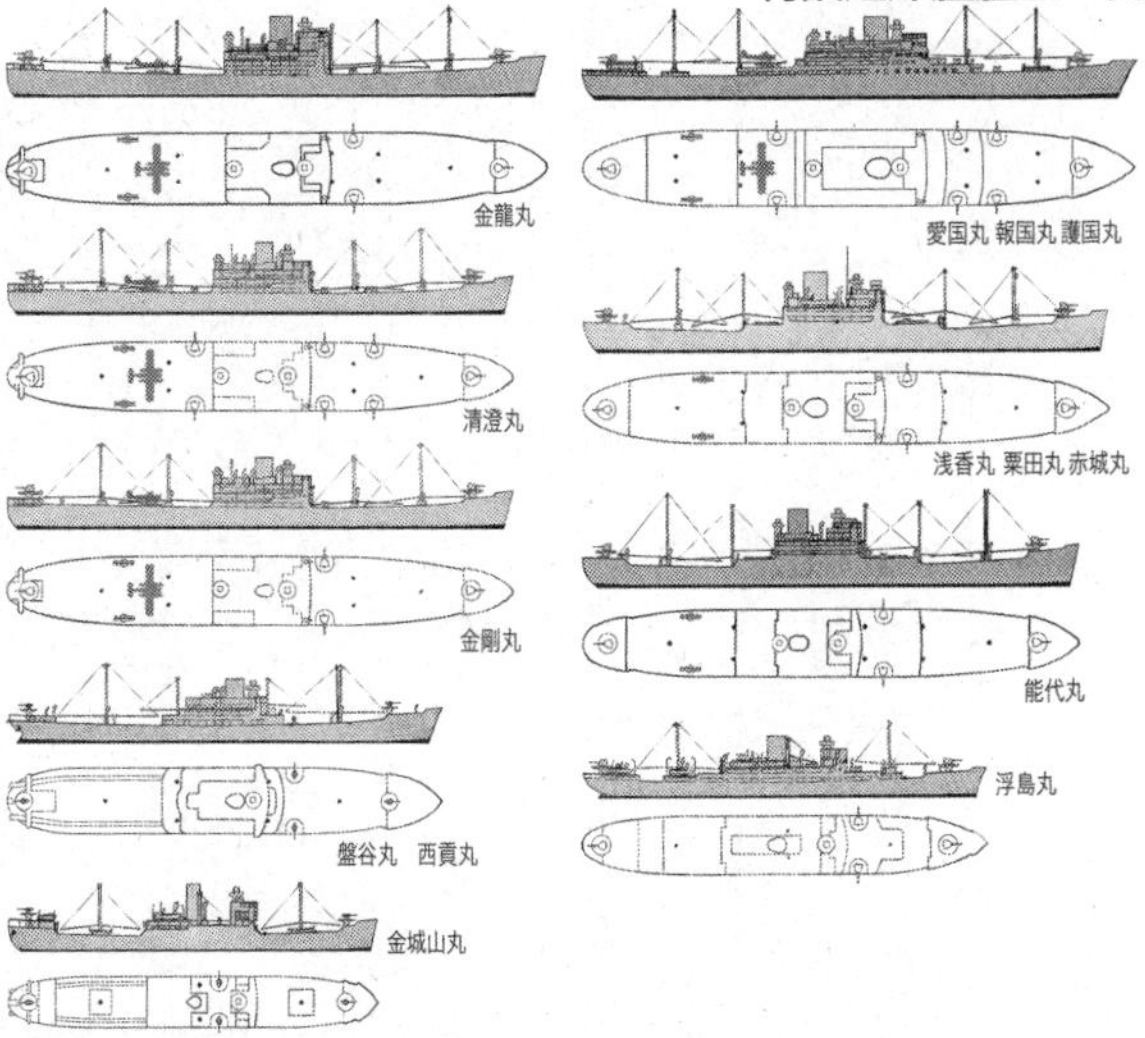

太平洋戦争時の日本海軍特設巡洋艦一覧

船名	総トン数	徴傭年月日	編入年月日	艤装年月日（着手／完成）
金城山丸	3,262	S16-2-3	S16-3-1	S16-2-3/5-9
盤谷丸	5,350	S16-8-15	S16.9.20	S16-8-29/10-12
西貢丸	5,350	S16-8-21	S16.9.20	S16-9-23/10-5
浅香丸	7,398	S15-4-10	S16-9-5	S16-9-8/10-16
粟田丸	7,397	S16-8-16	S16-9-5	S16-8-23/10-5
赤城丸	7,386	S16.11.23	S16.12.10	S16-11-25/12-31
能代丸	7,189	S16-5-1	S16-9-20	S16-9-20/10-14
金龍丸	9,309	S13-9-3	S16-9-5	S16-9-5/10-20
金剛丸	7,043	S16-8-6	S16-9-5	S16-9-3/10-15
清澄丸	6,983	S16-11-1	S16-12-1	/S16-12-18
愛国丸	10,437	S16-9-1	S16-9-5	S16-9-5/10-15
報国丸	10,437	S16-8-29	S16-9-20	S16-8-30/10-15
護国丸	10,437	S17-7-27	S17-8-10	/
浮島丸	4,730	S16-9-3	S16-9-20	/S16-10-15

く、開戦劈頭に実施した第二四戦隊、「報国丸」「愛国丸」の作戦が唯一の事例で、ゼロとは言わないまでも、微々たる戦果のうちに幕引きとなった。

いずれにしろ、日本海軍の特設巡洋艦は開戦時別表のように一四隻、正確には一二隻が就役、「赤城丸」は一二月末に、「護国丸」は翌年後半に戦列に加わった。一二隻の中でも「浅香丸」は早くに昭和一五年一二月二四日に徴用されて特設運送艦に入籍、翌年の一月一六日から四月二八日まで海軍技術訪独団の輸送にあたった。当時欧州は第二次大戦が勃発しており、中立国の軍艦として航行の安全を図る必要があったための処置であったらしく、昭和一六年九月一五日に特設巡洋艦に役務を変更して新たに特設巡洋艦としての艤装を施して再就役したものである。「金龍丸」はもっと早く日中戦争の始まった翌年、昭和一三年九月三日に徴用されて特設運送船として用いられていたものを、昭和一六年九月五日に役務変更して特設巡洋艦になったものである。「能代丸」は本来特設水上機母艦として徴用されたが途中特設巡洋艦に変更された経緯がある。「護国丸」については起工が遅れた関係で建造中に開戦をむかえ、その時点で海軍が徴用し特設巡洋艦としての艤装を施して完成させたもので、他船と事情が異なっている。

開戦時の特設巡洋艦の用途

太平洋戦争中の特設巡洋艦というより特設艦船全般に関する技術資料は、日露戦争時等に比べて極めて少なく、特に特設艦船の艤装図等は断片的に残されているに過ぎない。これはもちろん終戦時に多くの資料が焼却されたことに起因するが、一部は昭和三三年の米国からの返還資料に含まれており、呉の大和ミュージアムが所蔵する故福井静夫氏所有の資料中に特設巡洋艦としての艤装図には次のような船名が見られる。これは多分各年度の出師計画に基づいて用意された図面らしく、実際に後の太平洋戦争で特設巡洋艦になった船舶は四〜五隻しかないが、当時の特設巡洋艦候補船の実態の一部を知ることができる。

「青葉山丸」「崎戸丸」「讃岐丸」「金剛丸」「金龍丸」「高砂丸」「清澄丸」「赤城丸」「東京丸」「名古屋丸」「富士丸」「ぶえのすあいれす丸」「サイパン丸」「浄宝縷丸」「西貢丸」以上であるが、「金剛丸」は後に特設巡洋艦になった船ではなく、関釜連絡船の「金剛丸」で姉妹船「興安丸」とともに候補に上がっていた。その他「高砂丸」のような客船が多く含まれているが実際には選ばれることはなかった。

戦後、福井静夫氏が雑誌「船舶」昭和二六年八月号から翌年四月号に連載した「応

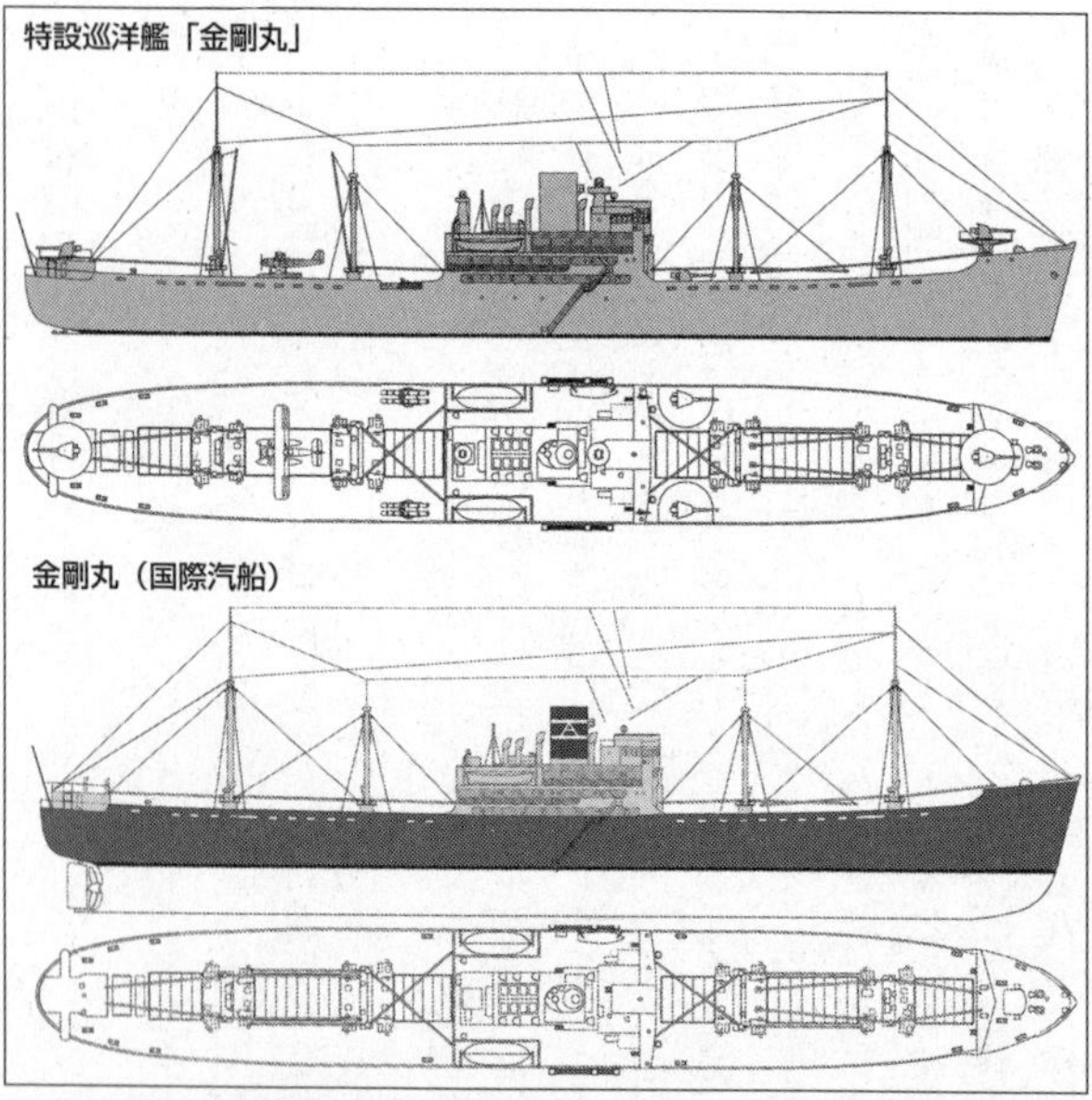

特設巡洋艦「金剛丸」

金剛丸（国際汽船）

「西貢丸」。5350 トン、播磨造船所で艤装された

召した日の丸船隊」で太平洋戦争中の特設艦船について網羅的に解説されているが、これから半世紀も過ぎた今日まで、これを上回る文献資料が存在しない事実が、この分野の一次資料の少なさを物語っていよう（上記「応召した日の丸船隊」は福井静夫著作集―第一一巻、『日本特設艦船物語』〈二〇〇一年四月、光人社刊〉に全文が収録されている）。

この中で福井静夫氏は開戦時の特設巡洋艦について、次の四種に用途を分類している。

（一）外洋の哨戒任務および哨戒線に配置される特設監視艇の支援任務用

開戦とともに日本海軍は日本本土の東方六〇〇～七〇〇浬の太平洋上に北はカムチャツカ半島、南は沖縄にいたる哨戒線を多数設けて、一〇〇総トン前後の漁船を多数徴用して特設監視艇として哨戒線に配備することになった。これは侵攻する米艦隊をいち早くキャッチして本土に通報して奇襲を防ぎ、迎撃体制を整える意味合いがあった。特に来襲の危険が大きい北方方面には第五艦隊が配備され、横須賀、大湊、釧路、千島列島の幌筵等を前線基地として三個哨戒艇隊が編成され、各哨戒艇隊は五隻を定数とする五個艇隊、合計二五隻の特設監視艇が属していた。これらの特設監視艇の行動を支援、掩護するために配備されたのが特設巡洋艦で、第五艦隊麾下に第二二戦隊として「浅香丸」「粟田丸」「赤城丸」の三隻が配備されて哨戒艇隊の進出や帰投に際しての掩護や哨戒線での支援、補給、救援に当たるもので、いずれも日本郵船のAクラス海外航路高速貨物船で、主機はディーゼル一軸で最大一九ノットを発揮できた。

武装は一四センチ砲四門、五三センチ連装発射管二基と水上戦闘能力を重視し、最後

清澄丸	金龍丸	金剛丸
鋼製貨物船	同左	同左
6,983	9,309	7,043
10,380	10,305	9,583
139.02	145.0	137.2
18.59	19.0	18.6
12.21	12.2	12.2
8.8/3.5	8.6/	8.5/3.6
ディーゼル/1	同左	同左
1	同左	同左
18.7	20.0	19.6
8,375	10,410	9,401
川崎造船	同左	播磨造船
S9.10.5	S13.8.31	S10.3.4
國際汽船	同左	同左
第24戦隊	第4艦隊	同左
25＋281（S18-6）		
40口径15cm砲×8	40口径15cm砲×4	同左
同左	同左	同左
同左	同左	同左
同左	同左	同左
同左	同左	同左

太平洋戦争時の日本海軍特設巡洋艦要目一覧(1)

船名	報国丸	愛国丸	護国丸
船種	鋼製貨客船	同左	同左
総トン数(T)	10,437	同左	同左
載貨重量(T)	9,615	同左	同左
排水量(T)	13,095		
長さ(垂線間長)(m)	150.0	同左	同左
幅(m)	20.2	同左	同左
深さ(m)	12.4	同左	同左
吃水満載/空船(m)	6.86(公試平均)		
主機/数	ディーゼル/2	同左	同左
軸数	2	同左	同左
最大速力(kt)	21.2	20.9	20.6
通常速力(kt)			
軸馬力	6,500×2	同左	同左
建造所	三井玉造船所	同左	同左
竣工年月	S15-6-22	S16.8.31	S17.10.2
船主	大阪商船	同左	同左
完成時所属	第24戦隊	同左	連合艦隊付属
定員(士官＋下士官兵)			21＋236(S18-9)
兵装/編入時			
備砲	50口径14cm砲×8	同左	40口径15cm砲×8
機銃	13mm連装×2	同左	同左
発射管	53cm連装×2	同左	同左
水偵	×1	同左	同左
探照灯	×2	同左	同左

に就役した「赤城丸」では一四センチ砲の在庫がなくなったため旧式な四〇口径一五センチ砲四門を搭載、一三ミリ機銃も不足したため、八センチ高角砲一門と七・七ミリ機銃を装備、前二隻では装備されなかった水偵二機も搭載されたが射出機は未装備であった。これら乾舷の高い外航貨物船は波浪が高く悪天候が続く北方海域での行動には支障はなかったが、反面小型の特設監視艇の行動は並大抵ではなかった。

中部太平洋方面の第四艦隊にも「金龍丸」「金剛丸」二隻の特設巡洋艦が配備された。この二隻も国際汽船の大型高速貨物船で最大速力は二〇ノット、武装は一五センチ砲四門、一三ミリ連装機銃二基、五三センチ連装発射管二基、水偵一機を搭載していた。第四艦隊ではもちろん第五艦隊のような定期的な特設監視艇による洋上の哨戒任務はなかったが、北方海域とことなり米機動部隊が度々来襲、ラエ・サラモア攻略戦に参加していた「金剛丸」は昭和一七年三月一〇日にスタンレー山脈を越えて来襲した米空母機の爆撃で沈没、これは日本の特設巡洋艦の戦没第一号となった。残った「金龍丸」も同年八月二五日ミンドロ島近くで輸送任務中、米潜水艦の雷撃で沈没、特設巡洋艦として活躍することもなく早々と喪失してしまった。

（二） 外洋での通商破壊戦および偵察任務用

太平洋戦争開戦前の約二年前に第二次大戦は始まっており、大西洋方面ではドイツの英国に対する通商破壊戦が海戦の主役になっていた。主役はUボートだったがポケット戦艦をはじめ商船改造の通商破壊艦が多数洋上に放たれて、それ相応の戦果をあげており、それらの情報は日本海軍も承知していた。こうした背景のもとで日本海軍もドイツ海軍に倣って太平洋に通商破壊艦を放つことを意図して実現したのが第二四戦隊だった。ここには開戦時「愛国丸」「報国丸」「清澄丸」の三隻の特設巡洋艦が編入されて、「愛国丸」クラスは大阪商船が優秀船助成策のもとで建造された総トン数一万トン超の高速貨客船で、この時の特設巡洋艦では最も大型であった。通商破壊戦を前提にしたことで、武装は他の特設巡洋艦の倍の装備が施された。「愛国丸」「報国丸」には一四センチ砲八門、一三ミリ連装機銃二基、五三センチ連装発射管二基が装備され、九四式水偵一機も搭載された。これはほぼ五五〇〇トン型軽巡に準じた兵装で射撃指揮装置はなかったが、探照灯も一一〇センチ、九〇センチ各一基を煙突の前後に配している。「清澄丸」と「護国丸」には一四センチ砲の代わりに旧式な四〇口径一五センチ砲が装備されたが、他の装備はほぼ同じである。

「愛国丸」と「報国丸」は開戦前にヤルートに進出、開戦を待たずに南西太平洋に向けて出撃したが、この行動については後述する。しかし第二四戦隊も最初の作戦が芳しくなかったせいか、昭和一七年四月の戦時編制改正時には解隊されて、これらの艦は全て連合艦隊付属に改編されている。「愛国丸」と「報国丸」はこの後にインド洋での通商破壊戦に加わっているが、これについても後述する。

(三) 内戦部隊に配属、母艦任務等に用いられたもの

以上の二つは外戦部隊に配備された例であったが、三つ目のカテゴリイとして本土の各鎮守府に配備された艦を示す。横須賀警備戦隊に配備された「能代丸」は第二二戦隊に配備された「赤城丸」と同等の日本郵船の外航貨物船で、武装の艤装も「赤城丸」と同等とされたと伝えられている。大阪商船の中型貨客船「浮島丸」は佐世保警備戦隊に配備され、同じく大阪商船の「西貢丸」と「盤谷丸」はその名の通り東南アジア航路の中型貨客船だが呉警備戦隊に配備されている。最後の最も小型の「金城山丸」は三井物産の小型貨物船で呉防備隊に配備された。この最後の三隻はいずれも機雷敷設を主任務とする敷設巡洋艦で、武装も一回り小型の一二センチ砲四門を装備、機雷の搭載数は「西貢丸」と「盤谷丸」は五〇〇個、「金城山丸」は四〇〇個を搭載する。佐世保に配備された「浮島丸」は一五センチ砲四門を搭載、機雷は搭載していない。

（四）としては前記の敷設型特設巡洋艦を類別しているが、詳細は後述するとしてここでは類別項目を掲げるにとどめる。

通商破壊戦

かくして太平洋戦争は昭和一六年一二月八日の真珠湾攻撃で開戦を迎えた。この時特設巡洋艦の中で、唯一連合艦隊付属の第二四戦隊だけが日本海軍最初の民間船による通商破壊戦、いわゆるレイダーとして出撃するために、開戦前から準備を整えていた。参加したのは「愛国丸」「報国丸」の二隻の特設巡洋艦で、前述のように特設巡洋艦としては通常の倍近い備砲を装備、旧駆逐艦から撤去した五三センチ連装発射管を両舷上甲板に装備、六年式魚雷一〇本を搭載していた。ただしドイツ海軍のレイダーのように武装状態を秘匿して、外見は一般商船を装うということはなく、武装状態は視認されれば一目瞭然、わかってしまう外観だった。

水偵として九四式三座水偵一機を搭載、他に補用機一機があった。射出機はなかったが六番（六〇キロ）爆弾八〇発を搭載していた。臨検用の九メートルカッター一隻

特設巡洋艦「報国丸」(昭和17年9月18日、シンガポール、セレター軍港、ダミー煙突を設けた状態)

を搭載、生糧食品四〇日分、貯蔵食品五ヵ月分を搭載して、開戦前の一一月一五日に岩国を出港、南洋のヤルートに向かった。この第二四戦隊の行動については幸い同戦隊の戦時日誌が残されており、詳細が記録されている。戦隊司令官は武田盛治少将で旗艦の「愛国丸」に座乗、「愛国丸」「報国丸」の艦長は予備役の大佐でそれぞれ二〇名前後の士官を含めて二五〇名前後の乗員で構成されていた。作戦は南太平洋での通商破壊戦として豪州、ニュージーランド方面と北米間を往復する連合国側の船舶をねらったもので、開戦時の戦場から遠く離れたこの方面では単独航行船が多いと予想したものであった。

両艦は一一月二六日にヤルートを出撃、開戦時にはツアモア諸島の北東海面にあり、作戦を開始した。以後連日水偵による捜索を続けたが、一二月一三日の夕刻米商船ヴィンセント(六二一〇総トン)を発見、

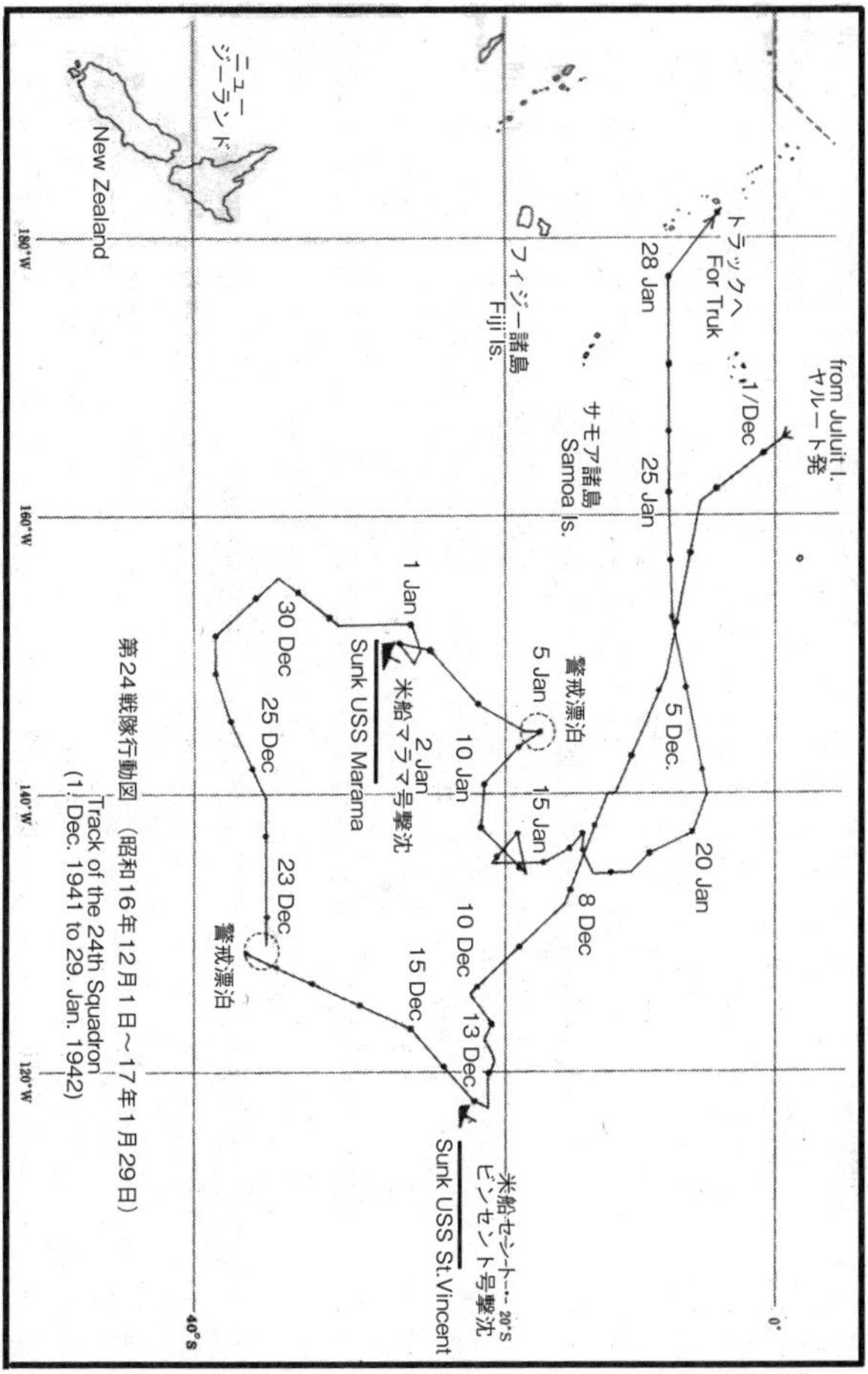

第24戦隊行動図（昭和16年12月1日～17年1月29日）
Track of the 24th Squadron
(1. Dec. 1941 to 29. Jan. 1942)

「報国丸」に集結を命じて目標に接近、照射、退船を命じたが同船が遭難信号を発したためこれを砲雷撃で撃沈した。同船はシドニー発ニューヨークに向けて航行中で、積荷はクローム鉱石一〇〇〇トン、マンガン二〇〇〇トン、羊毛二〇〇〇トン、木材一万八〇〇〇トンで三八名を俘虜として収容した。

昭和一七年一月一日、二番機（「報国丸機」か）が索敵飛行から帰還せず行方不明となる。翌日捜索中の二番機が米商船マラマ（三二七五総トン）を発見、一旦帰還して爆弾を搭載して同船に向かい、退船を命じた後に爆撃、同船は火災を発して沈没した。しかし沈没前に発した遭難信号はクック諸島の基地局が受信して、警報が発せられことになった。夕刻、沈没海面で漂流中の乗員三八名を収容、俘虜とした。俘虜の中に米陸軍航空隊の兵員が含まれていた。

同船は米陸軍の徴用船で軍用トラック七五台、同牽引車五〇~六〇台、航空燃料、航空機部品、ガスマスク、対空聴音機等の軍需品を搭載して、ホノルルからウエリントンに向かう途中だった。その後二隻は再び獲物を求めて北上したが全く獲物に恵まれず、一月下旬には進路を西に変えて二月四日にトラックに帰投した。約四〇日の作戦実施でわずか戦果は二隻、九六〇〇総トンという結果はかなり期待はずれであった。一つは運悪く獲物の少ない海域だったのか、連合国側が警戒したのか明らかでは無いが、ドイツのレイダーに比べて行動日数が少ないことも一つであろう。こうした隠密作戦はねばり強く長期にわたり実施したドイツ海軍に比べて、日本海軍はどうも短期に結果を求めすぎ、日本人の気質には合わない戦術のようであった。昭和一七年四月の戦時編制では第二四戦隊は早くも解隊されて「愛国丸」「報国丸」「清澄丸」は連合艦隊直属として昭南を中心に輸送任務等にあたっていたが、三月末に甲標的搭載潜水艦部隊によるマダガスカル島襲撃作戦が策定され、「愛国丸」と「報国丸」はこの潜水艦部隊に随伴して母艦としての役割をはたしつつ通商破壊戦を行なう作戦が計画された。このためこの二隻には母艦任務のため燃料、魚雷等の装備品の補給を行なうために必要な改造がほどこされ魚雷の搭載量は五〇本と増大した。

先遣部隊たる潜水艦部隊は甲乙丙の三隊に分かれて、甲先遣部隊に「愛国丸」「報国丸」は付属して五隻の甲標的搭載潜水艦とともに、四月一六日に柱島を出撃、同二六日にペナンに到着、三〇日に同地を発して作戦海域にむかった。五月九日インド洋で二隻はオランダ油槽船ゼノタ（七九八六総トン）を発見、威嚇射撃の後これを捕獲、「愛国丸」の回航班がこれをペナンに回航した。本船は後に内地に回航されて日本海軍の正規給油艦（特務艦）「大瀬」となった。

五月三一日に潜水艦部隊はマダガスカル島のディエゴスワレス湾で甲標的を放って

特設巡洋艦
「報国丸」

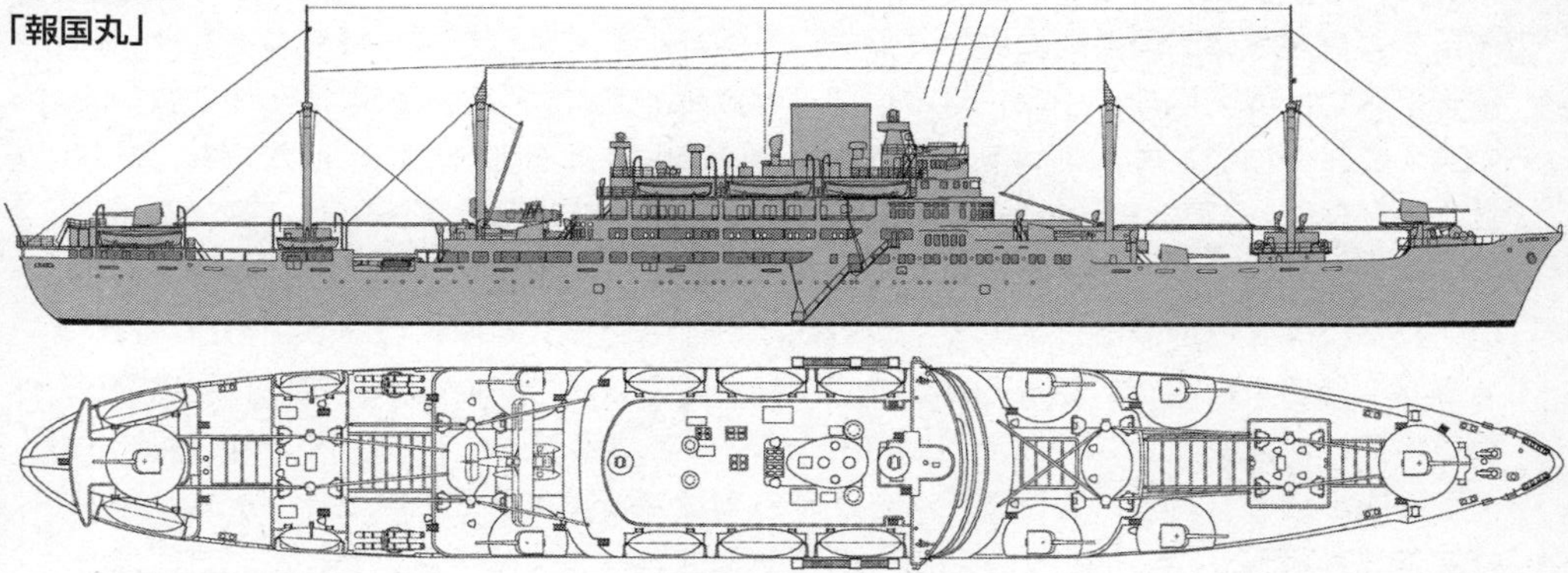

「報国丸」
平時状態

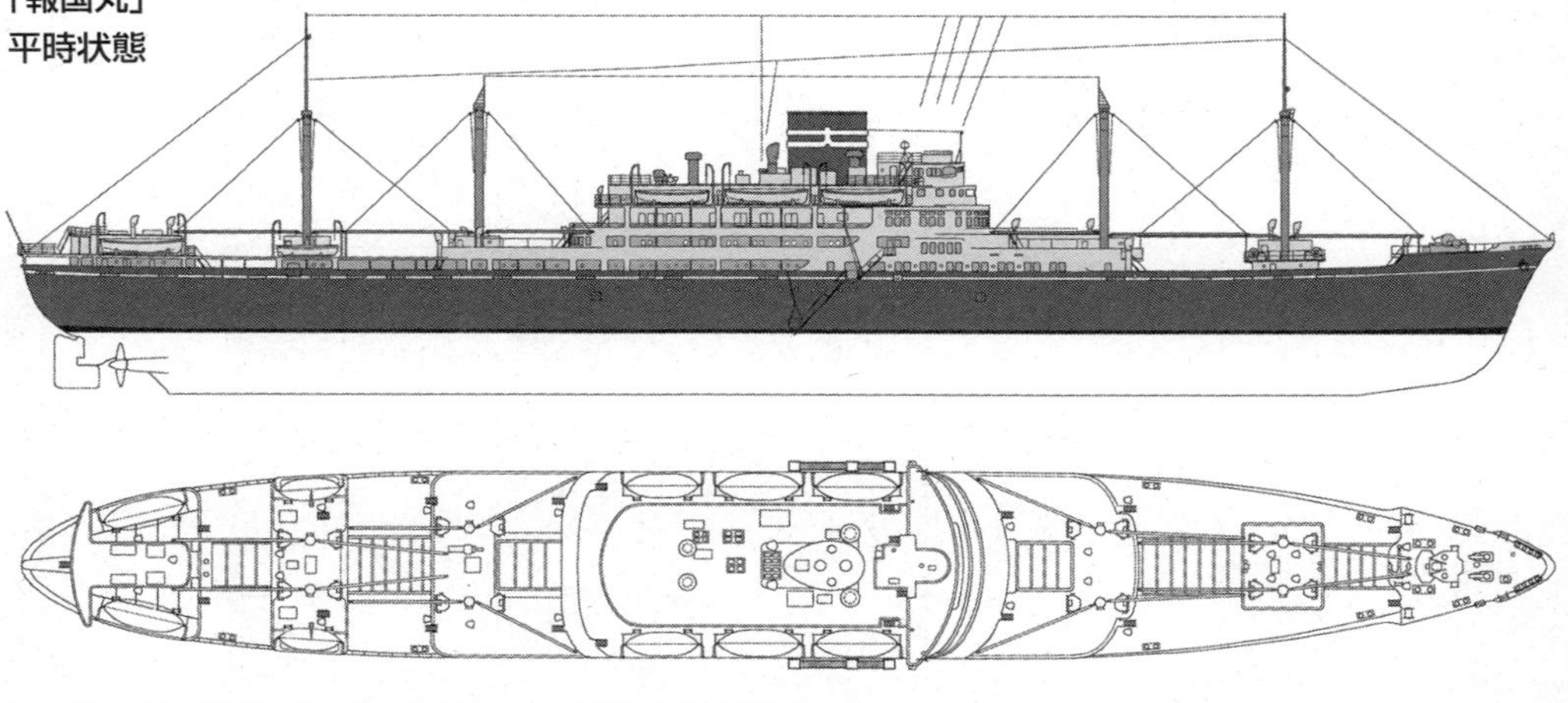

能代丸	盤谷丸	西貢丸	金城山丸	浮島丸
同左	鋼製貨客船	同左	鋼製貨物船	鋼製貨客船
7,189	5,350	同左	3,262	4,730
9,650	6,630	6,645	4,783	4,632
137.1	114.7	同左	100.7	107
同左	17	同左	14.3	15.7
同左	10	同左	7.6	9.8
8.42/	7.0/2.6	同左	6.5/3.1	
同左	ディーゼル/2	同左	レシプロ/1	ディーゼル
同左	同左	同左	同左	同左
18.5	16	16.4	14.5	16
6,700	1,570×2	同左	1,950	4,695
同左	三菱神戸造船所	同左	三井玉野	同左
S9-11-30	S12-9-18	S12-9-30	S11-9-30	S12.3.15
同左	大阪商船	同左	三井物産	大阪商船
横須賀警備隊	呉警備隊	同左	呉防備隊	佐世保警
同左	12cm砲×4	同左	同左	15cm砲×4
同左	7.7mm×1	同左	同左	7.7mm×2
同左				
	×500	同左	×400	
同左				
同左				

太平洋戦争時の日本海軍特設巡洋艦要目一覧（2）

船名	浅香丸	粟田丸	赤城丸
船種	鋼製貨物船	同左	同左
総トン数（T）	7,398	7,397	7,390
載貨重量（T）	9,445	9,417	9,461
長さ（垂線間長）（m）	141	同左	同左
幅（m）	19	同左	同左
深さ（m）	10.5	同左	同左
吃水満載/空船（m）	8.39/	同左	同左
主機/数	ディーゼル/1	同左	同左
軸数	1	同左	同左
最大速力（kt）	19.2	19.3	19
通常速力（kt）			
軸馬力	8,000	同左	同左
建造所	三菱長崎造船所	同左	同左
竣工年月	S12.11.20	S11.12.23	S12-9-10
船主	日本郵船	同左	同左
完成時所属	第22戦隊	同左	同左
定員（士官＋下士官兵）	25＋281（S18-9）		
兵装/編入時			
備砲	50口径14cm砲×4	同左	40口径15cm砲×4、8cm高角砲×1
機銃	13mm単装×2	同左	7.7mm機銃×2
発射管	53cm連装×2	同左	同左
機雷			
水偵			×2
探照灯	×2	同左	同左

停泊中の英国艦艇を襲撃したが、戦艦ラミリーズを損傷させたにとどまった。

六月五日から二隻は潜水艦部隊とともに、モザンビーク海峡南方海域で通商破壊戦を開始した。幸先よく同日に二隻は英武装商船エリシア（六七五七総トン）と会敵、停船に応じなかったので砲雷撃で撃沈した。しかしその後は獲物にめぐまれず、六月一七日にこの第一次通商破壊戦は一旦終了して集合地点に集まって潜水部隊は二隻から補給を受けた。潜水部隊は一二隻の戦果をあげていたが、二隻の水上艦は一隻にとどまった。先遣部隊司令官は再度の通商破壊戦を六月末から七月一五日まで実施することになり、七月一三日に二隻は三隻目の獲物、英武装商船ハウラギ（七一一三総トン）をセイロン島の南一五〇〇浬で拿捕、ペナンに回航した。約三ヵ月の作戦を終えて二隻は八月一〇日にシンガポールに帰投、以後しばらく同地で整備、改修工事を実施、艦橋ウイング両側の一三ミリ連装機銃は二五ミリ連装機銃に換装、潜水艦補給用の魚雷も七〇本に増加するために魚雷格納庫も改造された。

「報国丸」の最後

昭和一七年八月に入って三度インド洋での通商破壊戦が計画されたが、折からのガ

インド海軍掃海艇ベンガルが属するバンゴール級掃海艇

島戦の開始により、戦局の焦点が南東太平洋に移り、潜水艦部隊も主力は同方面に引き抜かれ、インド洋での作戦はかなり兵力を減じたものとなった。二隻はこの間兵員輸送作戦等に駆り出され、本来の通商破壊戦に復帰したのは一一月に入ってからで、一一月七日にスンダ海峡からインド洋に出撃した。この出撃は英潜水艦に発見されインド洋に警報が出されたという。

四日目の一一日にココス島西方五〇〇浬で小型の護衛艦と油槽船を発見する。これはインド海軍の掃海艇ベンガルとオランダの油槽船オンディイナだった。「報国丸」はまず護衛艦を片付けてからと距離八〇〇〇メートルでベンガルに対して砲撃をはじめた。相手は六五〇Tの艦隊型掃海艇で備砲はわずか七・六センチ砲一門、四〇ミリ機銃一挺と貧弱で、まともに打ち合えば「報国丸」の敵ではなかったが、運悪く相手の七・六センチ砲弾が上構に命中その破片からガソリンタンクに火災を生じ、火のついたガソリンが船倉内の魚雷格納庫に流れて引火誘爆を起こして、大火災となり手がつけられなくなり、結局「報国丸」はあっけなく沈没してしまうことになった。残った「愛国丸」は救助に駆けつけたが手の下しようがなく、乗員を救助した後に油槽船を砲雷撃して炎上させ、乗組員の一部を収容した後にシンガポールに帰投した。沈没したと思われた油槽船はなんとか持ち直して一部の残った乗組員が一週間をかけてフリーマントルにたどり着き全損をまぬがれた。結局これが「愛国丸」「報国丸」のコンビによる通商破壊戦の最後となった。

第二四戦隊の名残「愛国丸」と「清澄丸」はその後も連合艦隊付属の特設巡洋艦として残った。一七年秋には姉妹艦の「護国丸」も加わったが、二度と通商破壊戦を実施することなく、輸送作戦に用いられることが多く、ただその武装から船団の護衛役的役割はあった。

最後に就役した「護国丸」は開戦時建造中であった関係で、その時点で特設巡洋艦の艤装に切り替えられ、そのため前後の内側のツイン・デリック・ポストは省かれていた。武装は旧式な四一式四〇口径一五センチ砲を装備、二五ミリ機銃も最初から装備していたらしく、若干の爆雷兵装も有していたようである。この三隻は昭和一八年一〇月一日付きで役務を変更され特設運送船（雑用）に変わった。これに応じて特設巡洋艦としての武装の多く、備砲、発射管、搭載機、探照灯、測距儀等は撤去返納されたが、「護国丸」の例では艦首尾の一五センチ砲の跡に一二センチ単装高角砲が装備され、二五ミリ機銃や三式聴音機、爆雷兵装等はのこされ、舷外電路も新たに装備されたという。また甲板上の水偵甲板等も大発や魚雷艇を搭載できるように改造された。

昭和一九年二月一七日のトラック大空襲で「愛国丸」と「清澄丸」は沈没、「護国丸」はその前に米潜水艦の雷撃で損傷、内地で修復工事を行ない同年五月末に工事完了後戦列に戻った。この際に二五ミリ機銃を増備、逆探や水中聴音機も新型の九三式二型に換装されたと、「護国丸」の戦時日誌に記されている。しかし同年一一月一〇日に基隆の北方で米潜水艦の雷撃でついに最後を遂げている。

アリューシャン作戦と監視艇隊支援

開戦時すでに第二四戦隊は通商破壊戦のため、南西太平洋に展開していたことは前述したが、一方北方方面で第五艦隊がアリューシャン方面から来攻すると予想される米艦隊と、中立をたもっていたもののソ連の動きに警戒をとがらせていた。この第五

迷彩塗装を施した特設巡洋艦「粟田丸」

艦隊の開戦時における主力は第二二戦隊の「多摩」「木曽」「君川丸（特設水上機母艦）」で、これに次ぐものとして第二二戦隊の特設巡洋艦「粟田丸」、同「浅香丸」が配属されていた。

「粟田丸」と「浅香丸」はともに日本郵船のAクラス高速貨物船で排水量では一万トン超、総トン数では七四〇〇トン前後の優秀船で、「粟田丸」は昭和一六年一〇月五日に三菱長崎での艤装工事を終えて、呉で軍需品を搭載、母港の横須賀に回航された。「浅香丸」は前述のように昭和一六年一月一五日に特設運送艦としての艤装を完成後、訪独海軍技術団を第二次大戦下の欧州まで往復させる特別任務を終えて、同年九月に特設巡洋艦に役務を変更され大阪鐵工所で改めて艤装工事を行ない、一〇月一六日に完成、横須賀に回航された。

一〇月一五日に第二二戦隊が編制されて、司令官として海軍少将堀内茂礼が着任した。両艦は横須賀、館山方面で出動訓練を行なったのち、防寒施設を施されて一一月二六日厚岸湾に回航、艦隊訓練を実施、一二月四日に同地を発して松輪島を経て幌筵島を前進基地としてカムチャッカ方面の哨戒任務に就いた。一二月二日に厚岸湾で両艦とも開戦に備えて迷彩塗装が施されたという。

なお、第二二戦隊については昭和一六年から同一九年まで戦時日誌が残されており、その詳細は知ることができるが、麾下の個艦に関しては戦時日誌はなく個艦の造修記録は欠けているものが多い。

第二二戦隊にはもう一隻同型の「赤城丸」が配属を予定しており、艤装工事が遅れて、一二月三〇日に完成、翌年一月二九日に本隊に合同した。

日本海軍は開戦前から米海軍空母部隊の日本本土への奇襲に神経をとがらせており、このため日本本土東方七〇〇浬の太平洋上に南北に複数の哨戒線を設定して常時漁船を徴用した特設監視艇を配備して、日本本土に近づく米機動部隊をいち早く察知して本土から航空部隊を迎撃のために発進させるシステムの構築にとりかかっていた。この哨戒部隊の編成は昭和一七年二月一日に第一および第二監視艇隊の編成が発令され二月二五日に第三監視艇隊が加わって、当面の哨戒部隊の編成が完成した。

各監視艇隊は特設監視艇二五隻、これを五個小隊に分けて、一小隊監視艇五隻から編成されている。各監視艇隊には母艦として特設砲艦一隻、更に特設巡洋艦三隻が本隊として付属して、一隻ずつ各監視艇隊の全般的な支援任務に当たることになっていた。最初の編成では「赤城丸」が第一監視艇隊、「栗田丸」が第二監視艇隊、「浅香丸」が第三監視艇隊の支援任務にあたることになっていた。

この哨戒部隊の最初の試練は昭和一七年四月一八日のドーリットルの日本本土初空襲によって始まった。米海軍は空母ホーネットに搭載した米陸軍航空隊の双発爆撃機B－25、一六機を日本本土沖合五〇〇浬の洋上から発進させて、東京を含む日本本土を爆撃して、緒戦の敗退に沈む米国民の士気を鼓舞するプロパガンダ的意味合いがあった。この米空母部隊は七〇〇浬地点で日本側の監視艇に発見され、監視艇は決死の発見情報を打電したが、日本側の航空部隊による迎撃は後手後手にまわり失敗したものの、米側も予期しない地点からの発進を強いられて、戦果そのものは微々たるものに終わった。しかし発見を視認打電した監視艇は二隻が護衛のエンタープライスの艦載機や艦艇により撃沈され、付近の監視艇も大破して放棄されたもの四隻、中小破したもの六隻を数えた。七・七ミリ機銃と小銃しか持たない監視艇にとって抵抗のしようもなく、まさに特攻的任務遂行となった。

この時現場に近かった「栗田丸」は空母機の爆撃を受け、至近弾で軽い損傷を受けた。

特設巡洋艦「浅香丸」昭和16年12月

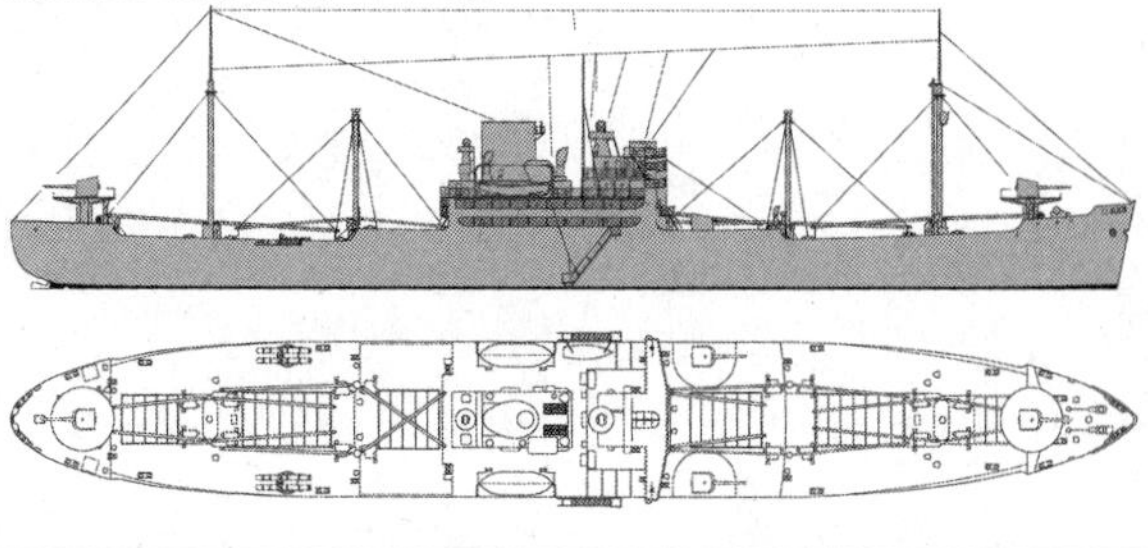

特設巡洋艦「浅香丸」昭和18年7月

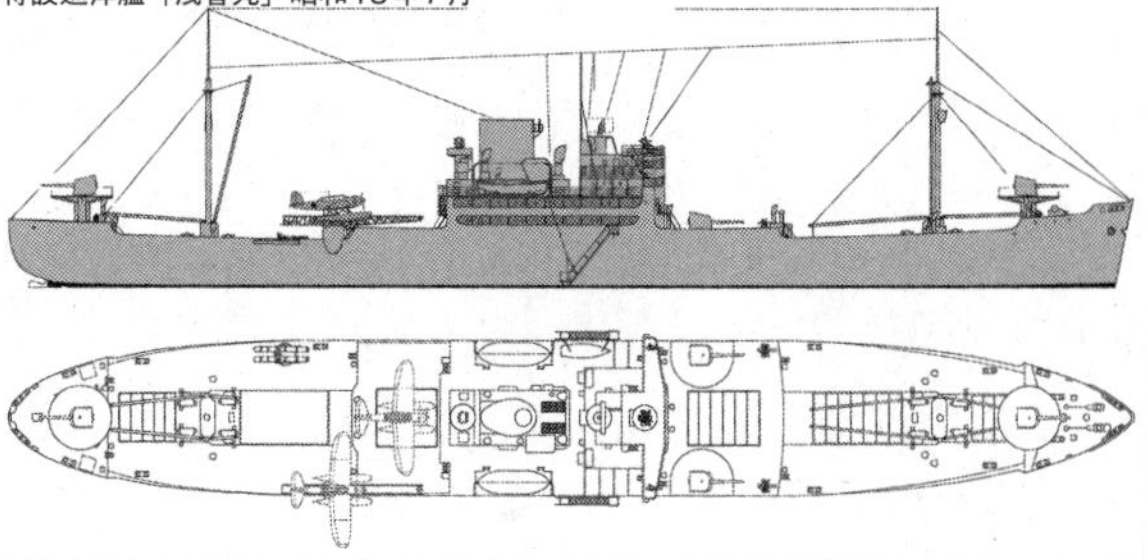

「浅香丸」平時状態

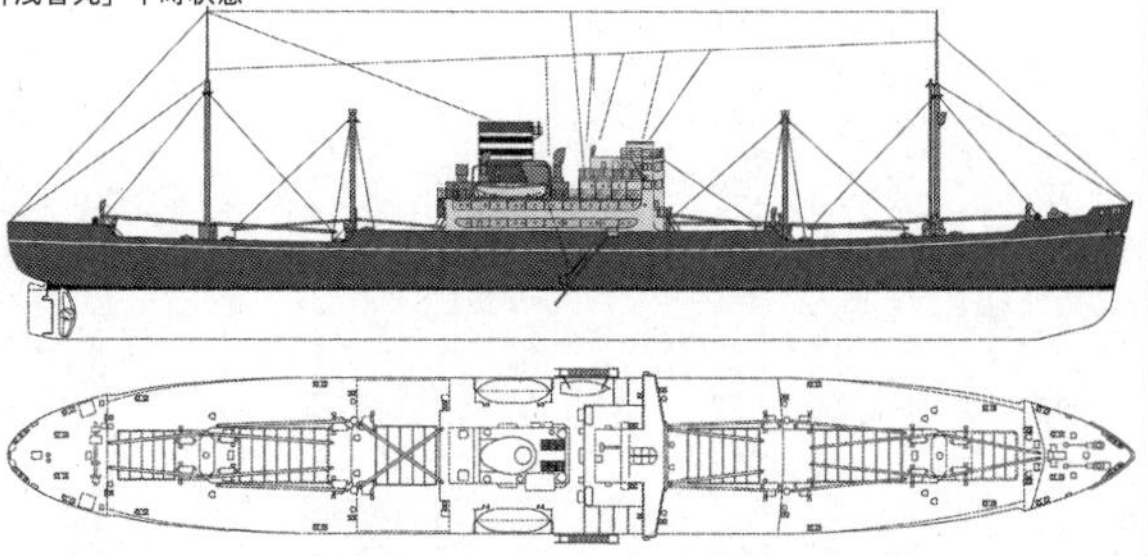

六月はじめに展開されたミッドウェー海戦の一環として第二機動部隊によるアリューシャン方面の空襲作戦が行なわれ、キスカ、アッツ島の占領作戦も行なわれ、にわかに北方方面の戦局がクローズアップされるにいたった。

七月一一日にいたって特設巡洋艦の迷彩塗色は上空から見るとかえって目立ってしまうとの味方航空部隊からの指摘があって、迷彩塗装をやめて通常の灰色塗色に改めることが通達されており、更に特設巡洋艦の前後檣は高すぎて敵に発見される危険性があるとして改造が具申されている。八月一日に第二二戦隊司令部は麾下の特設巡洋艦に水偵二機を搭載（「赤城丸」を除く）することを要求、八月はじめから九月末までに「赤城丸」「粟田丸」「浅香丸」の順で横須賀で右舷の発射管を撤去して呉式二号五型射出機が装備された。

搭載機は零式三座水偵一機で、「赤城丸」はすでに就役時から九四式水偵二機を搭載していたからこの際に零式水偵に換装、機数も他艦より一機多い二機を搭載したらしい。一三ミリ四連装機銃や同連装機銃を増備したのもこの時期らしい。これらの機銃は軽巡や駆逐艦の装備していたもので二五ミリ機銃に換装した際の陸揚げ品だったらしい。第二二戦隊司令部としては役に立たない連装発射管などは撤去して左舷にも射出機を装備して、水偵の搭載機数を増やすことをその後も要求していたが、これは実施されず、ただ水偵は各一機が後に増備されている。この時期北方方面でも敵航空機の脅威は著しく、また敵潜水艦の跳梁も激しく、これら水偵による対潜哨戒等は非常に有効と考えられていた。麾下の監視艇も米陸上基地から発進した大型機や敵潜水艦に襲撃される事態はたびたび起こっており、無武装に近い監視艇としてはむざむざ蹂躙されるケースが多く、これらの救援にも機動力の高い水偵は不可欠であった。

この間、南方ではガ島戦が激しい消耗戦を強いられており、北方においても占領したキスカ、アッツ島の占領維持の補給戦は同様の消耗戦に巻き込まれていた。このため第二二戦隊の特設巡洋艦も度々これらの輸送作戦に駆り出されることが多く、一時的に横須賀で射出機や搭載機を陸揚げして、大発の搭載施設を仮設して作戦に投入された。幸い三隻の特設巡洋艦はこの間被害もなく、作戦終了後は装備を復元して本隊に戻ることができた。

生きのびた船は皆無

昭和一八年に入って第二二戦隊の特設巡洋艦にも二一号電探の装備と二五ミリ機銃による対空火力の強化が実施され、「赤城丸」「粟田丸」「浅香丸」の順で六月はじめ頃までに横須賀での工事を終えていた。この際に水中聴音機も装備され、艦橋前後のツインポストも撤去されたらしい。五月にアッツ島が米軍の上陸で陥落、最初の玉砕戦として話題となった。このためキスカ島よりの撤退作戦、ケ号作戦が七月に実施され、濃霧に紛れての二回目の作戦で無事撤収に成功、このため作戦を支援するため「粟田丸」と「浅香丸」は第五艦隊付属とされ、第二二戦隊から除かれた。

残った「赤城丸」は本隊付きとされ、この兵力を補うため「浮島丸」が四月頃から第二二戦隊に編入された。本艦は特設巡洋艦としては小型で、開戦時佐世保警備戦隊に配属されていたが、昭和一七年四月一日に第一護衛隊の旗艦としてシンガポールに進出、八月に第二護衛隊に移ったがそこから北方部隊に回されたようであった。配属に当たって横須賀で二一号電探、一三ミリ機銃の増備等を行なって到着したが、四月一五日付きで特設砲艦に格下げされることになった。九月九日に「赤城丸」も第五艦隊付属にかわり、この時点で第二二戦隊から特設巡洋艦は全て除かれたことになり、一〇月一日付けで「粟田丸」と「浅香丸」も役務を変更、特設運送船に移行された。この時「清澄丸」も特設運送船に変更されたため、この時点で残った特設巡洋艦は「赤城丸」と「西貢丸（機雷敷設）」の二隻のみとなっていた。

「赤城丸」は特設運送船に変更されることなく、この後、一九年二月のトラック大空襲で「清澄丸」とともに撃沈されている。

特設運送船となった「粟田丸」と「浅香丸」は特設巡洋艦時代の兵装の多くを返納して運送船になったが、優秀船だけに一四センチ砲は艦首尾の二門は残され、機銃も多くが残されたようである。一四センチ砲は後に一二センチ高角砲に換装、二五ミリ機銃も増備されたようだが、二一号電探については明らかでない。

しかし南方での大型船による輸送任務は厳しく、「粟田丸」は昭和一九年一〇月二二日、宮古島北方で米潜水艦に撃沈され、「浅香丸」も同一〇月一二日に台湾高雄で米空母機により撃沈されて最期を遂げている。

なお昭和一八年七月の第二二戦隊戦時日誌に所属艦船の要目一覧表があり、これによれば「赤城丸」の備砲は福井著書の一五センチ砲ではなく五〇口径三年式一四センチ砲と記されており、最初から一四センチ砲を装備していた可能性が高い。

なお機銃は三隻とも二五ミリ連装二基、一三ミリ四連装一基、同連装二基、同単装四基、九二式七・七ミリ二基とされており開戦時よりかなり増備されているのがわかる。二一号電探は煙突前の一一〇センチ探照灯位置に装備され、一一〇センチ探照灯は後部の九〇センチ探照灯と換装されている。

残った「浮島丸」はその後、第二二戦隊特設砲艦ではもっとも有力艦として一九年三月から第二二戦隊の旗艦に就いていたが、昭和二〇年に入って第二二戦隊から除かれて北方方面で輸送任務に従事しており、二月二〇日に特設運送船に役務を変更、横須賀で一五センチ砲、一三ミリ機銃を返納しているが、増備したと思われる二五ミリ機銃や爆雷兵装は残され、戦時日誌に敵潜水艦に一五センチ砲の発射記述があるので一門程度は残っていた可能性がある。なお前記要目表によれば、「浮島丸」の備砲は四〇口径四一式一五センチ砲三門と記載されており、開戦時の一門は撤去されていたと思われる。

同船は終戦直前の大湊、津軽海峡方面への米機動部隊の空襲で青函連絡船が被害を受けたため、一時的に連絡船代行を務めた後、終戦直後大湊で津軽方面の鉄道建設等に徴用されていた朝鮮人を釜山に送り届ける任務を命じられ、朝鮮人三七二五人と乗員二五五人が乗り組んで八月二二日に大湊を出港、二四日に舞鶴に寄港したさい湾内で米軍の敷設した磁気機雷に触れて沈没、乗員二五人と朝鮮人五二四人が死亡した。

終戦直後だっただけに乗員のサボタージュとか故意の沈没等のデマが飛び交い「浮島丸」事件として今日まで知られているが、磁気機雷による沈没は間違いのない事実である。

残りの「能代丸」は「赤城丸」に準じた兵装を持つ優秀船だったが、開戦時横須賀

特設巡洋艦「浮島丸」

三井物産の貨物船「金城山丸」

警備戦隊に配属、昭和一七年四月に第二護衛隊の旗艦に就いたが八月五日に早くも特設運送船に変更され特設巡洋艦から除かれた。一九年九月二四日にマニラでの空襲で沈没、特設巡洋艦の在籍は一番短かった。残りの機雷敷設型特設巡洋艦のうち「金城山丸」は開戦時呉防備戦隊に配属、その後、昭和一七年四月に第二護衛隊に移ったものの五月四日に早くもトラック北方で米潜水艦に撃沈されている。残りの「西貢丸」と「盤谷丸」は開戦時呉警備戦隊に配属されていたが、翌年四月、呉鎮守府部隊にあった。機雷敷設という特殊構造のため一般の輸送任務に駆り出されることも少なく、本土近海の対潜機雷礁の設置等に従事、「盤谷丸」は一八年五月二〇日にヤルート島近くで米潜水艦に撃沈されたが、「西貢丸」は一九年一～六月に支那東海方面、台湾海峡、南支那海に通じる比島周辺主要水道、大隅海峡、種子島海峡等に対潜用機雷礁を設置する任務に従事、佐世保鎮守府部隊の第一八戦隊に属して、「常盤」等三隻とともに一万個以上の機雷敷設にあたった功績のある艦だった。

しかし一九年九月一八日マニラ空襲で沈没、結局開戦時就役した一四隻の日本海軍特設巡洋艦は終戦後沈没した「浮島丸」を含めて、太平洋戦争を生きのびた船は皆無であった。

第五章　米独の通商破壊戦

アメリカ南北戦争時のレイダー／私掠船

前章まで日本海軍の仮装巡洋艦／特設巡洋艦について日清戦争から太平洋戦争までの、その歴史について述べてきた。ただし、これは世界的に見た場合、海軍における戦時の仮装巡洋艦の活動としては、すくなくとも典型的なものとは言えず、かなりかたよったものといえる。その意味でここに番外編として、戦時における仮装巡洋艦の運用方法の典型といえる外洋における敵国通商破壊、すなわち敵国商船の破壊撃沈、拿捕等の私掠行為のもっとも成功した事例として米国南北戦争時の南軍海軍と第一次大戦および第二次大戦時のドイツ海軍のケースについてのべて参考に供したい。

米国の南北戦争は一八六一～六五年に国を南北に分断して戦われた内戦で、シビィル・ワーとして知られている。時の大統領リンカーンの奴隷解放政策を巡って、これに反対する南部諸州と北部の諸州が対立、戦争にいたったもので、四年間の戦いで双方合わせて六〇万人の戦死者をだした戦争で、この戦死者数は後の第二次大戦時の米国戦死者数を上回る米国史上最大の数字である。日本ではペリーの黒船来航から九年後のことで、海軍から見れば軍艦が木造帆船から鉄製蒸気機関の形態に移行しつつあった時期で、海軍の戦術や造艦技術もいろいろ試行錯誤の時代であったといえる。

この戦争では昨日まで合衆国海軍として一緒の仲間であった将兵が、一夜にして南北に別れて戦うという運命になり、工業力の多くを占めた北部海軍の方が勢力的には優勢で、南部諸州の沿岸を封鎖することで、南軍の海洋通商路を遮断して、打撃を与えることを図っていた。こうしたことで南北戦争の海戦は大半が河川や沿岸部の河口付近で発生しており、南部海軍の兵力が劣っていることから、外洋で両軍の主力が交戦するといった事態は生じなかった。

かくして劣勢を強いられた南部海軍は何隻かの快速船を用意して、封鎖線を突破して外洋に脱出、英国やフランスの造船所に建造を依頼した船舶を入手して南部海軍に編入して、外洋で通商破壊戦を繰り広げることになった。北部としての合衆国は米国として外交的に英仏に抗議して南部海軍に渡るのを阻止した船も少なくなかったが、そうした網をくぐり抜けて何隻かは南部海軍の手に渡り、数年の長期に渡って外洋にとどまって通商破壊戦を続けて六〇隻以上の戦果をあげた例もあった。当時の外洋用米国商船はまだ木造帆船が多く、他に鯨油をとるための捕鯨船も数多く活動していたため、獲物にはこうした船も多かった。

米海軍もこうしたレイダーに対抗するため有力な巡洋艦級の軍艦を外洋に派遣して、これらレイダーの捕捉撃攘につとめ成功した例もいくつかあった。結果的にみればこうした通商破壊戦は戦争の効果として決定的なものではなかったが、外洋における通商活動を不活発にし、船や積荷の海上保険の高騰をまねく等無視できないものがあった。

こうしたことで以下南部海軍で最も戦果を挙げた五隻のレイダーについて触れてみよう。

アラバマ／Alabama

本船は英国のリバプールのレアード船渠会社が建造した一〇五〇トンのスクリュー式スループ型木造船でバーク式帆装を備えて、速力一三ノット。一八六二年にエンリ

英国のリバプールのレアード船渠会社が建造したアラバマ

カの名で進水、同年七月に完成してアゾレス諸島のポルト・プラヤに到着、そこで南部海軍のシーメス大佐と乗組員の手に引き渡され、一一〇ポンド砲×一、六八ポンド砲×一、三二ポンド砲×六を装備して八月二四日に南部海軍の巡洋艦アラバマとして就役した。

以降約二ヵ月間北大西洋を行動、二〇隻の戦果を挙げたが半数以上は捕鯨船だった。さらにニューファンドランド沖に移って欧州向けの穀物運搬船を狙い、次に西インド諸島、テキサス沿岸を巡り、一八六三年一月一一日ガルベストン沖で北部海軍の砲艦ハッタラスを撃沈、乗員を捕虜にしている。その後、ブラジル沿岸に移り沖合の小島を基地としてしばらく活動、その後ケープタウンを回って東インド方面に六ヵ月止まったが、この間の戦果は七隻と少なくふるわなかった。一八六四年六月一一日に同艦はフランスのシェルブールに到着、同地で入渠して修理と整備作業を行なうことになった。しかし、フランス側の許可が下りる前に北軍の巡洋艦ケサージがシェルブールの港外で同艦の出港を待ち構えていることが通告された。六月一九日、覚悟を決めたアラバマはシェルブールを出港、ケサージと対決することになった。ケサージはアラバマより一回り大型な一五五〇トンの有力艦で、一一インチ砲×二、三二ポンド砲×四等を備え、一八六二年に竣工した新鋭艦で外洋で南軍レイダーの追跡、撃攘にあたっていたものだった。

アラバマ甲板上でポーズをとる艦長ラファエル・シーメス大佐

アラバマが最初に発砲、ケサージは一〇〇〇メートル以内に接近してから発砲、約一時間の交戦でアラバマは沈み始め、ここに同艦の運命は尽きた。ケサージはアラバマの生存者の救助にあたったが、艦長のシーメス大佐と部下四

三檣、二本煙突であるフロリダ

一名は通りかかった英国のヨットに救助されて英国に脱出することができた。アラバマは約二一ヵ月の行動で六〇隻以上を沈めるか捕獲して、金額的には六〇〇万ドルの損害をあたえたとして、南部海軍のレイダーの中でトップの成果で、アラバマの名はあらゆる南北戦争の文献に出てくる著名艦である。

フロリダ／Florida

アラバマに次いで有名なのがこのフロリダである。共に南部の州名を艦名としたこの船は、英国の造船所で砲艦として建造された、アラバマより一回り小型の船型はアラバマとよく似ており、三檣、二本煙突でアラバマの一本煙突とはよく区別できる。船体は鉄製、スクリュータイプでバーク式帆装と併用で一二ノットが可能だった。最初はイタリア向けの名目で建造され、ダミー会社から南軍が買い取ったものであった。一八六二年三月に英国を離れてバハマ諸島のナッソーに到着、ここで石炭を補給して近くの南部港湾に向かう予定だったが、北軍の封鎖が厳しいため、ここで南部の封鎖突破船が乗員と搭載武器を積んで待ち合わせすることになり、八月一七日にニューランド大尉が艦長として部下と共に乗艦、ここに初めて南部海軍巡洋艦フロリダとして正式に就役した。しかし艤装中に乗組員が黄熱病に倒れて、動ける乗員が五〜六名にまで減ってしまう事態になった。こうした非常事態に艦長はフロリダを南部のモービルまでなんとか航海して到着することができた。

一八六三年一月にフロリダはレイダーとしての準備を完了、封鎖線を突破して外洋に出ることができ、ナッソーで石炭を補給後大西洋の南北から西インド諸島方面で半年間通商破壊戦を行ない、二〇隻以上の戦果をあげた。七月にバーミュダからフランスのブレストに向かい、そこで一八六四年二月まで止まって入渠修理、整備を行なった。この間ニューランド艦長が健康を害し、新艦長モリス大尉と交代した。この後、英国領の港で石炭を補給したことで、交戦規定により長期の足止めを受け、一〇月にブラジルのバヒアに停泊していた時、北軍のウイッシュセットの夜襲を受け、拿捕されてしまった。この時艦長以下乗員の半数は上陸中であった。これはブラジル領海内の行為として国際法違反だったが、フロリダはこの後米国のニューポート・ニューズ

100ポンド砲1門、32ポンド砲1門、24ポンド砲2門を搭載したジョージア

に連行されたものの、同地で軍隊輸送船と衝突沈没してしまった。結果的にフロリダの挙げた戦果は三七隻、さらにフロリダが捕獲してレイダーに仕立てた二隻が二三隻の戦果を挙げていたので、合計六〇隻はアラバマと大差ない大戦果だった。

ジョージア／Georgia

本船も南部の州名を艦名とした三隻目で、一八六二年に英国で建造された六〇〇トンの快速商船で原名はジャパンという。一八六三年三月にスコットランドの船主から南軍が買い取り、フランス、ウーシャント沖で南軍の船と落ち合って、モゥリイ中佐が艦長に就任、一〇〇ポンド砲×一、三二ポンド砲×一、二四ポンド砲×二を装備してレイダーとしての整備を終えて、出撃した。

ブラジル沿岸とアフリカ大陸間の大西洋で作戦

を行ない九隻の戦果の後、一〇月末に修理と整備のためシェルブールに入港した。本船は鉄製の船体を持ち、長期の航海には定期的に入渠して船底の汚れを落とす必要があり、帆船時代の木造船体で銅板張り構造の方が艦長の好みだったらしく、こんなことで、翌年一月に本船の売却が決まり、南軍の派遣した軍艦ラッパハノックに兵装等装備を移して、三月に英国リバプールにおもむき売却されて、レイダーとしての短い戦歴を終えている。

英国のスコットランドで建造されたシェナンドー

シェナンドー／Shenandoah
本船は一一五二トンの軍隊輸送船として英国のスコットランドで建造、一八六四年一〇月に完成、原名をシーキングという。鉄骨木皮構造で南軍がこれを買取り、マデイラ諸島の沖合でいつものように南軍派遣の船舶と落ち合って乗員と装備を受け取り、レイダーに仕立て上げたものである。艦長ウエデル中佐が就任して一〇月一九日に南軍のシェナンドーと命名して活動を開始した。時期的に南北戦争末期にあたり、太平洋方面の捕鯨船を狙って行動、一八六五年一月にはオーストラリアのメルボルンに入港補給を行なった。本船では捕獲した捕鯨船の一部に捕虜とした乗組員を乗せて、中立国のブラジルに送る等で船内に増大する捕虜を処分していた。この後本船はインド洋を漁ったが戦果は少なく、更に太平洋を北上してオホーツク海からアリューシャン列島、ベーリング海等の霧に包まれた北方海域を行動したが、獲物は少なかった。六月二三日に捕獲した最後の捕鯨船から二ヵ月前に南軍のリー将軍がリッチモンドで北軍に降伏したということを聞いて、初めて戦争が南軍の降伏で終わったことを知った。

本船は約一年間、五万八〇〇〇浬を行動して三八隻の戦果を挙げたが、その内の三分の二は戦争が既に終わっていた時期の戦果だった。戦果の大半は捕鯨船だった。本船はこの後一一月六日に英国リバプールに入港して、英国官憲に降伏を申し出て、船は後に米国に引き渡された。

サムター／Sumter

米国のフィラデルフィアで建造されたサムター

最後のサムターは一八五九年に米国のフィラデルフィアで建造された四三七トンの商船で原名はハバナといい、ニューオルリンズでハバナ航路に就役していたものを開戦とともに南軍が購入して南部海軍の軍艦サムターにしたもの。ラファエル大佐が艦長になり八インチ砲×一、三二ポンド砲×四を装備、一八六二年六月三〇日に南部海軍最初のレイダーとして出撃した。西インド諸島からブラジル沿岸を行動して何隻かの戦果を挙げたが、北軍の軍艦に追跡されてスペインのカジスに逃れた。約六ヵ月の活動で一八隻の戦果を挙げた。本船は本格的修理のためジブラルタルに向かったが、そこで武装解除して売却を装って封鎖突破船に変更されることになり、リパブールにおいて英国船に変装、船名をジブラルタルと改め、大砲や貴重物資を搭載して北軍の封鎖線を突破して南部のウイルミントンに入港している。

以上南北戦争時の代表的なレイダーについて説明した

が、戦争が終わったのも知らずに通商破壊戦を続けていた等、通信手段のなかった当時の笑えないエピソードであり、この戦争で多くの捕鯨船が犠牲になっていたことなど、あまり知られていない話である。

第一次大戦時のドイツ海軍レイダー

次に第一次大戦時のドイツ〈レイダー〉について記すことにする。前項の米南北戦争以降、海軍の関わった戦争としては普仏戦争、日清戦争、米西戦争、日露戦争等があったが、既に紹介した通りこれらの戦役ではレイダーの活躍する局面はなかった。

一九一四年七月に勃発した第一次大戦は英仏露の協商側と独墺（オーストリア）側の同盟側が対決した世界規模の大戦で、日本も協商側の一員として参戦、後に米国、イタリア等も協商側で参戦して一九一八年一一月に休戦となり、同盟側の敗北で終戦となった。

海軍に関しては世界第一位の英国海軍に対して弩級戦艦の建艦競争で英国海軍に追従していた第二位のドイツ海軍が挑戦した構図の戦いであった。第二位と言ってもドイツ海軍の弩級戦艦、巡洋戦艦は英海軍の六割程度にしか達せず、正面からの挑戦には勝算が少なく、積極的に出撃することはなかった。大戦の注目はフランス国境近くの陸上戦闘に集まりこの西部戦線の行方が戦局の中心となり、やがて両軍が塹壕で対峙する膠着状態となった。

こうした状況下でドイツ海軍は英国のアキレス腱ともいえる英国の海上通商路の攻撃に注力する戦略に切り替えることになった。第一次大戦におけるドイツ側の通商破壊戦の主役はUボートと称されたドイツ潜水艦であったことは周知のことだが、このUボートも開戦時にはまだ採用されて間もない未知数の海軍兵器で、その後の急速な戦力化はまだ想像もできないことであった。したがって、この局面で敵海上通商路の攻撃にはこれまで通り水上艦艇（巡洋艦）と仮装巡洋艦に仕立てた有力商船群を世界中の船舶航路帯に送り込んで、敵商船を沈める戦法であった。ここで問題なのはこれらの通商破壊艦船を外洋に送り込むには英海軍による封鎖網を突破しなければならず、このため初期の通商破壊戦の主力は封鎖突破の必要のない海外に駐在する部隊で、最も有名な事例は東洋艦隊にあった巡洋艦エムデンで、約三ヵ月間太平洋、インド洋方面で一六隻七万一〇〇〇総トンを沈めて、この追跡には日本海軍も加わっていた。またアフリカ部隊にあった巡洋艦カールスルーエも一四隻六万二〇〇〇総トンを沈めてこの二隻の巡洋艦がこの時期の通商破壊艦の双璧であったが、いずれも早期に喪失して長続きしなかった。

これらの正規艦艇とは別に商船を補助巡洋艦(仮装巡洋艦)として戦場に送る計画も平時より策定されており、当時の通例通り第一候補は快速大型客船であった。開戦時ドイツは総トン数一万トン以上、速力一八ノット以上の大型客船一四隻を保有していたが、最も大型で二万五〇〇〇総トン以上の豪華客船四隻は、船価が高く徴用より除かれ、また開戦時中立国にあった数隻も抑留されて本国に戻れず、実際に補助巡洋艦に艤装されて出撃したのは四隻程度にとどまった。

一九一四年八月五日に最初に出撃したカイザー・ヴィリヘルム・デァ・グローセ(一万四三〇〇総トン、速力二二・五ノット)は北ドイツ・ロイド汽船のやや旧式な客船だったが、ブレマーハーフェンを出て北上、アイスランド付近から北大西洋を南下、英国の貨物船三隻、一万六八三総トンの戦果を挙げたものの八月二六日スペイン領西アフリカ、リオデルオロ沖で給炭中、英巡洋艦ハイフライヤーに襲撃され交戦、自沈して例外的に短い作戦期間を終えている。

八月はじめには極東の青島で同じく北ドイツ・ロイド汽船のプリンツ・アイテル・フリードリッヒ(八七九七総トン、速力一五ノット)が補助巡洋艦としての艤装を完了した。同船は東洋艦隊と青島を出撃した後、単独で通商破壊戦を実施、太平洋を横

仮装巡洋艦クローンプリンツ・ウィリヘルム

断して南米西、東海岸沿いに行動、一一隻、三万三四二四総トンを沈めたが、一九一五年三月一〇日に米国ニューポートニューズに入港、抑留されて作戦を終えている。

一九一四年八月六日にはニューヨークを脱出して大西洋上で巡洋艦カールスルーエと会合した、北ドイツ・ロイド汽船のクローンプリンツ・ウィリヘルム（一万四九〇〇総トン、速力二三ノット）が補助巡洋艦としての装備を完了して出撃した。同船はやや旧式だが四本煙突の大西洋航路の快速客船で、以後南米ブラジル東岸付近で作戦を行ない、こうした大型客船としては最も大きな戦果、一四隻、五万五九四四総トンを挙げている。翌年四月一一日に先のP・E・フリードリッヒと同じく米国ニューポートニューズに入港、抑留されている。これは燃料の石炭補給が尽きてこれ以上の航行が不可能という事情

仮装巡洋艦ベルリン（英超ド級戦艦オーダシャスを敷設した機雷で撃沈）

があった。こうした抑留ドイツ船は米国参戦後に接収されて、ドイツに戻ることはなかった。

一九一四年九月一八日にやや遅れて同じく北ドイツ・ロイド汽船のベルリン（一万七〇〇〇総トン、速力一八ノット）が補助巡洋艦としての準備を完了、本船の場合は機雷敷設を主任務として機雷二〇〇個を搭載して封鎖線を突破、アイルランド北岸に達して機雷を敷設した。一〇月二七日英国の超弩級戦艦オーダシャスがこの機雷に触れて沈没するという大殊勲をあげている。ベルリンの機雷で他に英国商船一隻が失われたが、戦果はこれまでで、同年一一月一八日にノルウェーのトロンハイムに入り抑留、戦後英国が接収、アラビックと改名、一九三一年まで使用された。英海軍は大戦中にこのオーダシャスの喪失を厳重に秘匿して公表しなかった。

ハンブルグ－南米ラインの客船ケープ・トラファルガー（一万八七〇〇総トン、速力一八ノット）は開戦時大西洋上にあり、八月三一日にトリニダット沖で砲艦エーベルより装備品を受け取って補助巡洋艦として就役したが、一隻の戦果もないまま九月一四日にモンテビデオ沖で英国仮装巡洋艦カルマニアと交戦撃沈されてしまった。乗員一六名が戦死、生存者はアルゼンチンに上陸抑留された。

Uボートの戦果には及ばなかった

以上、緒戦時期に出撃した大型客船によるレイダー活動はある程度の戦果をあげたものの、比較的短期間に収束、長続きしなかった。これは大型船の活動が目立ちすぎ、かつ高速性能の反面石炭の消費量が大きく、長期の活動に不向きであることも判明した。また英国側もこうしたレイダーを捕捉するために有力な仮装巡洋艦五〇隻以上を用意して、世界各地に配置してレイダー狩に力をいれていたために、石炭の補給もままならないため中立国に逃げ込んで抑留されるケースも少なくなかった。これらの中で特異な例は八月七日に青島で補助巡洋艦に仕立てられたコルモラン（八七三六総トン、速力一八ノット）で、本船はエムデンが開戦直後に捕獲したロシア義勇艦隊のラジャサンで、レイダーとしては最適の船だったが、一隻の戦果をあげないまま、一二月一三日に米国領のグアムに入り抑留されて終わっている。

こうした戦訓をふまえて、ドイツ海軍は一九一五年五月に最初の貨物船のレイダーを就役させた。これがメテオール（一九一二総トン、速力一四ノット）という平凡な旧英国の小型貨物船を改装したもので、機雷敷設を主任務としたもので、機雷三七四個を搭載、八・八センチ砲二門と魚雷発射管二基を装備していた。五月二九日に出撃して北氷洋のアルハンゲル沖に機雷を敷設、ノルウェー、スウェーデンの小型船三隻を撃沈または捕獲して六月に帰還、八月に再度出撃してノルウェー沖に機雷敷設して二隻を砲撃で撃沈したが、八月九日に英国巡洋艦に追われて北海で自沈してしまった。本船の場合敷設した機雷で三隻、一万総トン程度が沈んでおり合計では一〇隻近くの戦果をあげているものの活動期間は短かった。

こうした中で最も戦果を挙げたのは一九一五年一二月に出撃したメーヴェ（四七八八総トン、速力一三・三ノット）で、F・L・ハンブルグ汽船の貨客船ピエナを改装、一五センチ砲四門、魚雷発射管二基、機雷五〇〇個を搭載、装備的にも非常に充実し

仮装巡洋艦メーヴェ

ていた。

本船は一二月二九日にエルベをU68の護衛の下で出航、翌年一月一日に英国北部のペントランド海峡付近に機雷二五二個を敷設、以後北大西洋で通商破壊戦を行ない二月末までに一五隻、五万七五二〇総トンという大戦果をあげた。さらに一月六日には敷設した機雷に触れて英準弩級戦艦キング・エドワード七世が沈没しており、三月四日に同船がウイリヘルムスハーフェンに帰投した際には大海艦隊の主力艦モルトケやデァファリンガーが出迎えるという大騒ぎになった。

同年一一月にメーヴェは再度出撃、大西洋の南北で翌年三月末までの約四ヵ月で二五隻、一二万三二六五総トンという一回の出撃では最大の戦果をあげて、三月二一日に無事にキールに帰還した。この間の作戦で捕獲した二隻を臨時の補助巡洋艦に仕立てて活動したが、帰還にあたっては乗員を引き上げて自沈処分した上で帰投して

仮装巡洋艦ウォルフ

いる。また英汽船オタキとはお互いの砲戦でメーヴェも損傷したが最終的に撃沈している。

メーヴェはこの後出撃することなく一九一八年に特設敷設艦オストシーとなり、戦後英国に引き渡され英船グリーンブライアーと改名されて使用されていたが、一九三三年にドイツの船会社が買取りオルデンブルグと改名されて第二次大戦をむかえた。大戦末期の一九四五年四月七日にノルウエー沿岸で英国潜水艦に撃沈され、その残骸は一九五三年に処分されて数奇な船歴を終えている。

メーヴェとともにこうした貨物船レイダーで有名なのがウォルフである。初代ウォルフはハンブルグ・アメリカ汽船のベルガラビア（六六四八総トン、速力一三ノット）という貨物船で、一九一六年一月に補助巡洋艦として就役したが、二月二六日にエルベ河口で衝突事故で損傷、以後の使用を断念して、代わりとしてハンザ汽船の貨物船ウォッチフェルズ（五八〇九総トン、速力一〇・五ノット）

ウォルフに撃沈された「常陸丸（2代目）」

が二代目ウォルフとして一九一六年末に就役した。武装も強力で一五センチ砲七門、発射管二基、機雷四六五個、さらに水上機一機を搭載していた。一一月三〇日にキールを出撃、大西洋を南下してケープタウン付近に機雷敷設、その後もインド洋、豪州西部海域で航路帯に機雷を敷設、約一年間の行動期間で一四隻、三万八三九一総トンを撃沈して、一九一八年二月二四日にキールに帰還した。行動日数から見れば撃沈数はそれほど多いと言えなかったが、撃沈した商船の中には日本の「常陸丸」（六五七七総トン、日本郵船）が含まれており、マダガスカル北東で一一月八日に交戦の後捕獲され爆薬により沈没処分され、船員一二名が戦死している。さらに本船の敷設した機雷により一三隻、七万五八八八総トンが沈められ、この中には日本の「第七雲海丸」三五四〇総トンが含まれ、六月一六日にボンベイ沖で沈んでいる。以上より第一次大戦における一隻のレイダーによる戦果としてはこのウォルフが最大である。

これ以外に帆船レイダーとしてゼーアドラー（一五七一総トン、速力九ノット）の名が知られているが、本船は一九一六年一二月に出撃、翌年八月二日に南西太平洋のソサイアティ諸島で座礁放棄されるまで七ヵ月に一六隻、三万九九総トンを撃沈したが多くは帆船で、本船自身の兵装も一〇・五センチ砲二門と弱体だったので武装商船には不用意には近づけなかった。これ以外にも貨物船改装のレイダーはまだ数隻就役しているが、目立った戦果はなく、一九一八年に入っては新たなレイダーの投入は断念された。ひとつに無制限潜水艦戦の宣言によりUボートによる船舶撃沈数が飛躍的に増加しておりレイダーによる攻撃より効率よく通商破壊戦を行なうことが可能になっていたことにもよる。

結果的に第一次大戦においてドイツ海軍レイダーの総合戦果は一〇八隻、三七万九一五八総トンと称されており、これは同じUボートの戦果五五五四隻、一二一九万一九九六総トンに比べると総トン比で三二分の一、隻数比で五一分の一という結果となる。

帆走仮装巡洋艦ゼーアドラー

第二次大戦時のドイツ海軍レイダー

前項では第一次大戦のドイツ海軍レイダーについて紹介したが、ドイツ海軍のレイダーを説明するなら第二次大戦の例についても触れないわけにはいかない。

第二次大戦のドイツ海軍は、前大戦の場合と異なって兵力的には相手の英国海軍に比べて非常に劣った状態で開戦を迎えた。言うまでもなく、前大戦の敗戦国となったドイツは帝政も廃止され、ベルサイユ条約で過大な賠償と軍備制限を課せられて、内政が乱れてナチスの台頭を許すことになりヒトラーの暴走により勃発したのが第二次大戦だった。

ヒトラーは海軍力の回復に無関心ではなく、開戦直前には英海軍に対抗できる海軍再建計画

／Z計画の着手を認めたばかりだったことからも、ドイツ海軍にとってはこの時期の開戦はもちろん不本意であった。結果的にこうした状況下では弱者の戦法の常道である、海上通商破壊戦がドイツ海軍にとっては当面の戦略であった。

ドイツ海軍は再軍備宣言以来かなりのスピードで主要艦艇の新造を開始しており、

作戦期間	戦果（隻数／総トン数）
1940-3-30／1941-8-23	6／39,132①
1940-11-3／1941-11-22	22／145,968
1940-5-6／1940-10-31	10／58,644
1940-6-6／1941-4-30	12／96,547
1942-1-14／1942-10-9	10／55,587
1940-6-15／1941-5-8	28／136,642②
1942-5-9／1942-9-27	4／30,728
1940-7-9／1941-11-30	10／64,540③
1940-12-3／1941-11-19	11／68,274
1942-3-20／1943-3-1	15／99,386
1943-5-21／1943-10-27	3／27,632

①他に敷設機雷により４隻/24,118T あり
②他に敷設機雷により４隻/18,068T あり
③内７隻/43,162T は Orion との共同作戦による

中でもベルサイユ条約の制限下で建造した三隻の装甲艦、いわゆるポケット戦艦は多分に通商破壊戦を意識した艦で、列強各国がワシントン条約で主力艦の新造を休止している間に、条約型巡洋艦には砲力で圧倒、在来型戦艦には速力で勝ると言う特性を有し、主機もディーゼルを採用、航続力も長かった。開戦時、このうちの二隻はすでに外洋に放たれており、中でもアドミラル・グラフ・シュペーは南大西洋とインド洋で通商

第二次大戦ドイツ海軍レイダー（通商破壊艦）一覧

艦名	艦番号	旧名	総トン数	速力	竣工年
Orion	No.36	Kurmark	7,021	14	1930
Atrantis	No.16	Goldenfels	7,862	16	1937
Widder	No.21	Newmark	7,851	14	1930
Thor	No.10	Santa Cruz	3,826	18	1938
Pinguin	No.33	Kandelfels	7,766	17	1936
Stier	No.23	Cairo	4,778	14	1936
Komet	No.45	Ems	3,287	16	1937
Kormoran	No.41	Steiermark	8,736	18	1938
Michel	No.28	Bielsko-Bonn	4,740	16	1939
Hansa	No.05	Meersburg	9,138	17	1939
Coronel	No.14	Togo	5,042	16	1938

破壊戦を実施、ただヒトラーの命令でポーランド戦が終わるまで英国との和平を期待して攻撃を控えたため、最初の獲物は九月三〇日まで待つことになった。しかし九隻／五万八九総トンを沈めた後、南米モンテビデオ沖で英海軍の追跡部隊に遭遇、交戦後モンテビデオに入港、英国の偽情報に惑わされて結局沖合で自沈、艦長は自決して果てた。

この後も高速戦艦のシャルンホルストとグナイゼナウが封鎖を突破して北大西洋で通商破壊戦を実施、圧倒的攻撃力で船団を襲い、二二隻／一一万五〇〇〇総トンの戦果を挙げたほか、開戦時改装中だったポケット戦艦のアドミラル・シェアーが一九四〇年一〇月に出撃、約五ヵ月間で一七隻／一一万三二三三総トンの戦果をもって帰還、単独の正規艦艇では最高の戦果であった。もちろん、これらは正規艦艇の戦果で、レイダーとしての活躍とは別である。ドイツ海軍のレイダーは開戦時準備が全くできておらず正規艦艇のような迅速な出撃はできなかった。

第二次大戦でドイツ海軍の用意したレイダー用補助巡洋艦は合計一一隻、ただし二隻はレイダーとしての出撃の機会はなかった。当時ドイツにも大型快速の客船はいろいろあったが、前大戦の戦訓からも、選ばれたのはいずれも平凡な一万総トン以下の貨物船で、航続距離からもディーゼル主機の船が大半であった。

各船の兵装も計画的に考慮され、一五センチ砲×六、七・五センチ高角砲×一、三七ミリ機銃×二～四、二〇ミリ機銃×二～四、五三センチ発射管×二～六を搭載していた。一五センチ砲と発射管はいずれも舷側または甲板上に隠顕式に装備され、外観から武装船であることを秘匿していた。他に各船に一～二機の水上機を搭載、機種はハインケルHe114BかアラドAr196Aであった。水上機は貨物ハッチ内に収容され射出機の装備はなかった。また一部の船には高速艇も搭載されて作戦に使用された。これらのレイダーとしての装備は日本の特設巡洋艦に比べて、船そのものは日本の方が優秀船をそろえていたが、武装に関してはドイツ側の方がより重武装で性能も高く、

作戦中、日本の川崎汽船の船に偽装したアトランティス

装備方法も多くの戦訓から巧妙であった。備砲の一五センチ砲は旧式戦艦からの撤去砲が多かったという。ただ水偵の運用では当時の日本海軍は機材性能ともに世界一といってよく、射出機も積極的に装備していた。別表にこれらレイダーの一覧を示す。

前大戦の二倍以上の戦果を挙げる

ドイツ海軍レイダーの第一陣は一九四〇年三月一一日に出撃したアトランティスで、インド洋めざしてノルウェー沖を北上してデンマーク海峡を突破した。四月六日にはオリオン、五月六日にはヴィダーが続いた。四月にドイツ軍のノルウェー占領が完了し、ノルウェー海域の制空権をドイツ空軍が押さえたので、封鎖突破は比較的容易になった。六月にトールとピングゥインがそれぞれ南大西洋とインド洋をめざして同ルートで封鎖突破に成功、七月にはコメートが続いた。以上の六隻が第一陣として南大西洋、インド洋、太平洋方面に展開する。主要航路の北大西洋をのぞいたのは、警戒厳重な同海域はUボートと正規艦艇に任せて遠隔地の航路を狙ったのには、英海軍の兵力を本国から釣り出し分散させる意図もあったらしい。一九四〇年四月二四日にオリオンが最初に北大西洋で沈めた英貨物船ホックスビィは、敵武装商船に攻撃された時に発する救難信号を軍艦に攻撃されたと誤発信したため、英海軍はドイツ・レイダーの存在に気づかず、アトランティスが五月三日に最初に沈めた英船サイエンティスが初めて警報を発したことで、レイダーの存在に気づいたと言う。

アトランティスは第二次大戦のドイツ・レイダーとして最大の戦果をこの航海で挙げて、戦後レイダーの代名詞になったほどの有名艦となった。アトライティスは日本船やオランダ船に偽装してインド洋方面で一年間の長期にわたり行動したが、一九四一年一一月二二日南大西洋アセッション島北方でU126に給油のため待ち合わせ中、英重巡デボンシャーが接近、アトランティスの一五センチ砲の射程外より砲撃され被弾、艦長は艦を捨てることを決意、自沈してしまった。乗員はU126の艦内と甲板上に救命具をつけてそれぞれ五〇名を収容、残りの二〇〇名はランチ二隻と救命艇四隻に分乗してU126が曳航して南米をめざした。しかし三日後に三隻のUボートと補給船フィソンと会合移乗したものの、再度、英重巡に発見され、付近のUボートが魚雷攻撃を加えたが失敗、フィソンも自沈処分され、同船の乗員四一一名が加わってふたたびUボートへの移乗と救命艇の曳航がはじまったが、その後イタリア潜水艦四隻も合同して、一二月二三日にフランス、サン・ナザーレに到着、なんとか帰還を果たすことができた。

アトランティス舷側の隠顕砲装備

イタリア潜水艦でサンナゼールに帰還したアトランティス乗組員

一方オリオンは大西洋を南下して南米ホーン岬を回って太平洋に入り、六月一三〜一四日にオークランド付近に機雷を敷設、一九日に英客船ナイヤガラがこれに触れて沈没、同船には二五〇万ポンドの金塊を積んでおり、後に潜水作業で回収されたと言う。六月一九日に捕獲したノルウェーのタンカー、トロピックスターにこれまでの捕虜を乗せて本国に送ったが、これが途中英潜水艦に撃沈され、生存者の捕虜の情報でオリオンの存在が判明、英海軍はシュペー捕捉の立役者軽巡アキリューズを差し向けたが発見できなかった。

オリオンはこの後日本の統治委任領マーシャル諸島方面に向かい、ここで遅れて出撃したコメートと合同以後二隻による協同作戦を実施、英大型客船ランジテーンを沈めた後ナウル島を襲い、リン鉱石運搬船四隻を沈めた後にコメートと別れた。この頃オリオンの艦載水偵アラド196が着水に失敗エンジンを喪失したため、代わりに日本の中島製九〇式二号二型二座水偵を入手使用していたといわれるが、どのような経緯で入手したのかは不明だが、接点としてはこの日本統治のマーシャル諸島しかない。オリオンはこの後も作戦を続けたが獲物は少なく、一九四一年八月二三日にボルドーに帰還しており、コメートも少し遅れて一一月三〇日に本国のハンブルグに帰還を果たした。

この間、ピングゥインは大西洋を南下インド洋に入り、さらに豪州南部で作戦を行なった。一九四〇年一〇月七日に捕獲したノルウェーのタンカーを臨時の機雷敷設船に改造して機雷一一〇個を移載して別行動を命じた。

10隻を沈めて無事帰還したコメート

ノルウェーの捕鯨船団捕獲の大戦果をあげたピングゥイン

一九四一年一月一四日に本艦は南極海でノルウェーの捕鯨船団二組をそっくり無傷で捕獲するという大戦果を挙げた。夜間に接近乗り込んだ捕鯨母船と補給船を捕獲した後、母船の無電でキャッチャー・ボート一一隻も捕獲し、捕獲要員を乗り組ませて本国に送り、途中キャッチャー・ボート三隻を失っただけでフランスのボルドーに到着している。捕鯨船の捕獲というと、前に紹介した南北戦争時代の南軍レイダーを思い出す。しかしピングゥインの最期はかなり悲劇的なもので、一九四一年五月八日セーシェル諸島付近で英重巡コンウォールズに捕捉され交戦した

横浜港で爆発事故で失われたトール

ものの自沈し果てた。乗員三四一名が死亡、二三名が英巡に救助されている。

第一陣のヴィダーはこの間大西洋で一〇隻とそこそこの戦果をあげて、六ヵ月で作戦を終えて一〇月三一日にブレストに帰還しており、これは第一陣では最初の帰還で、一九四〇年に帰還した唯一のレイダーだった。第一陣の残りの一隻トールは大西洋方面で一二隻というかなりの戦果を挙げ、一九四一年四月三〇日にハンブルグに帰還している。同艦は一九四一年四月四日に英国の仮装巡洋艦ボルテアアーと交戦これを沈めており、一万三二四五総トンと三倍以上の大型船で一五センチ砲八門を装備した格上の船だったが見事に勝利していた。第一陣最後のコルモランは大西洋、インド洋を荒

豪州軽巡シドニーと相打ちになったコルモラン

らし一一隻を沈めたが一九四一年一一月一九日豪州西方で同海軍軽巡シドニーと遭遇、不用意に接近したシドニーを魚雷で沈めたが、シドニーの砲撃が二発命中、火災を発して結局艦を自沈放棄せざるを得ず、乗員多数が死亡、生存者は豪州に上陸して捕虜となった。

レイダーの第二陣は一九四二年、日本の参戦、米国との宣戦布告後に実施された。一月一四日にトールがジロンドから第二次の出撃、三月九日にミヘルがキールから、シュテールは五月二二日に出撃した。八月はじめにミヘルとシュテールは合同して作戦を実施したが、シュテールは九月二七日に南大西洋で米商船ステファン・ホプキンスと遭遇交戦の結果双方が沈没する結果となり、四隻の戦果で終わってしまった。一〇月八日にコメートが第二次出撃を行なったが、六日後に英仏海峡近くで英魚雷艇に撃沈されてしまった。一〇月九日トールは一〇隻の戦果の後、捕獲船の一部と日本の横浜に入港したが、一一月三〇日に新港埠頭に停泊中隣接したドイツ補給艦ウィッカーマルクが船倉清掃中に爆発事故を生じ、他船に誘爆してトールも火災により失われた。爆発は数次に渡り破片が伊勢崎町まで飛散したと言われており、一〇〇名近くの死者を生じた。

一九四三年三月一日にミヘルが一五隻の大戦果を挙げて横浜に入港、五月二一日に第二次出撃を横浜から行なった。一〇月一七日に三隻の戦果を挙げた後、横浜沖東方太平洋で米潜水艦ターポンに撃沈されて、第二次大戦におけるドイツ海軍レイダーの活動は終焉を迎えた。

第二次大戦におけるドイツ海軍レイダーの戦果は合計で一三三隻、八二万三〇八〇総トンと総トン数では前大戦の二倍以上の戦果であった。

初出——月刊『丸』連載「日本海軍の仮装巡洋艦」
（二〇一八年六月号～二〇二〇年一二月号）

あとがき

今日的に見ると仮装巡洋艦という言葉は死語に近いと冒頭に述べたが、その意味では戦艦（Battleship）に近いものがある。

日本では仮装巡洋艦というと大半の人がドイツの仮装巡洋艦、通商破壊艦、レイダーを思い起こすようであるが、仮装巡洋艦が全てレイダーになるわけではなく、日本海軍の例で見れば、その仮装巡洋艦はもっと地味な艦隊活動の支援や護衛任務等に終始することが多い。例外的に「報国丸」「愛国丸」の太平洋戦争劈頭の南東太平洋における通商破壊作戦が有名だが、実際の戦果は微々たるもので、それによる連合国側に与えた影響も限定的なものに終わっている。

どだい仮装巡洋艦の通商破壊船のように、隠密裏に敵商船に近づいてこれを撃沈または捕獲するといった行為は、日本古来の武士道精神に反する姑息な手段で、日本人の気質にそぐわないという見方もでき、ドイツ人のように合理的で粘り強い性格と異なる淡白な性格が現われているようである。

日本海軍の特設巡洋艦を含む特設艦船についての基本文献や資料については本文でも触れたが、終戦後間もない昭和二六（一九五一）年に福井静夫氏が雑誌「船舶」に発表された、「応召した日の丸船隊」が最初で、平成一三（二〇〇一）年に福井静夫著作集第一一巻『日本特設艦船物語』（光人社刊）に再録されている。またこれとは別に、戦後正岡勝直氏がこうした特設艦船に関する多くの著作を発表されており、この分野の調査研究の第一人者として著名であった。

ただし両氏の調査範囲は昭和期以降、太平洋戦争の時期に限られており、明治期、日清、日露の両戦役についての特設艦船については、これまであまり顧みられてこなかった経緯があった。その意味で本書は日清、日露の仮装巡洋艦、特設艦船の実態に初めて触れたものとして自負するものである。

日清、日露戦役時期の特設艦船についての公式資料は比較的よく残っており、これらは今日アジア歴史資料センターによりネット上で誰でも閲覧できる便利な時代になっている。

これらの原本は防衛省防衛研究所戦史室図書室にあるもので、終戦時連合国側に接収され昭和三三（一九五八）年に返還された史料文書に含まれていたものらしく、旧海軍の公式文書として日清、日露、日独（第一次世界大戦）の戦時文書として膨大な量の公文書を見ることができる。特設艦船や戦時下の商船隊徴用の実態も詳細が含まれており、仮装巡洋艦についても実際の艤装図を含む詳細な要目も記録されており、資料に事欠くことはない。

これとは別に当時の日本海軍は日清、日露の両戦役における詳細、膨大な海戦史を部内限りの極秘版として残しており、特に日露海戦史は一〇〇巻におよぶ膨大な資料が一部印刷未了のまま残されている。これらは戦前小部数印刷して関係部署に配ったらしく、戦史室にあるものは戦後千代田資料として昭和天皇の御文庫にあったものが寄贈されたものと言われている。現在残っているこの極秘版はごくわずかで、ただ英国本国に数部あるとも言われている。

明治から大正前半にかけて日英同盟のよしみで、日露戦争関係の公式極秘資料が相当数在日英海軍駐在武官等を通じて、英本国に送られていた事実があり、これもその一つであろう。

いずれにしろこうした残っている資料を活用して、明治海軍創設以来の日本海軍特設艦船史を完成させて欲しいものである。これはまた日本商船隊発展の歴史を兼ねるもので、基本文献のひとつになり得るものと期待したい。

令和六（二〇二四）年四月二九日

石橋孝夫

NF文庫

日本海軍仮装巡洋艦入門

二〇二四年六月二十四日　第一刷発行
著　者　石橋孝夫
発行者　赤堀正卓
発行所　株式会社　潮書房光人新社
〒100-8077　東京都千代田区大手町一-七-二
電話／〇三-六二八一-九八九一㈹
印刷・製本　中央精版印刷株式会社
定価はカバーに表示してあります
乱丁・落丁のものはお取りかえ
致します。本文は中性紙を使用
ISBN978-4-7698-3361-1　C0195
http://www.kojinsha.co.jp

刊行のことば

第二次世界大戦の戦火が熄《や》んで五〇年——その間、小社は夥しい数の戦争の記録を渉猟し、発掘し、常に公正なる立場を貫いて書誌とし、大方の絶讃を博して今日に及ぶが、その源は、散華された世代への熱き思い入れであり、同時に、その記録を誌して平和の礎とし、後世に伝えんとするにある。

　小社の出版物は、戦記、伝記、文学、エッセイ、写真集、その他、すでに一、〇〇〇点を越え、加えて戦後五〇年になんなんとするを契機として、「光人社NF（ノンフィクション）文庫」を創刊して、読者諸賢の熱烈要望におこたえする次第である。人生のバイブルとして、心弱きときの活性の糧《かて》として、散華の世代からの感動の肉声に、あなたもぜひ、耳を傾けて下さい。

NF文庫

＊潮書房光人新社が贈る勇気と感動を伝える人生のバイブル＊

NF文庫

新装版 **有坂銃**
兵頭二十八
日露戦争の勝因は〝アリサカ・ライフル〟にあった。最新式の歩兵銃と野戦砲の開発にかけた明治テクノクラートの足跡を描く。

要塞史 日本軍が築いた国土防衛の砦
佐山二郎
築城、兵器、練達の兵員によって成り立つ要塞。幕末から大東亜戦争終戦まで、改廃、兵器弾薬の発達、教育など、実態を綴る。

遺書143通 「元気で命中に参ります」と記した若者たち
今井健嗣
数時間、数日後の死に直面した特攻隊員たちの一途な心の叫びと親しい人々への愛情あふれる言葉を綴り、その心情を読み解く。

新装解説版 **迎撃戦闘機「雷電」** B29搭乗員を震撼させた海軍局地戦闘機始末
碇　義朗
〝大型爆撃機に対し、すべての日本軍戦闘機のなかで最強〟と公式評価を米軍が与えた『雷電』の誕生から終焉まで。解説／野原茂。

新装解説版 **空母艦爆隊** 真珠湾からの死闘の記録
山川新作
真珠湾、アリューシャン、ソロモンの非情の空に戦った不屈の艦爆パイロット――日米空母激突の最前線を描く。解説／野原茂。

フランス戦艦入門 先進設計と異色の戦歴のすべて
宮永忠将
各国の戦艦建造史において非常に重要なポジションをしめたフランス海軍の戦艦の歴史を再評価。開発から戦闘記録までを綴る。